Fritz Vahrenholt und Sebastian Lüning · Unanfechtbar?

Fritz Vahrenholt
Sebastian Lüning

Unanfechtbar?

Der Beschluss des Bundesverfassungsgerichts
zum Klimaschutz im Faktencheck

Mit 11 Abbildungen

LMV

FSC www.fsc.org
MIX
Papier aus verantwortungsvollen Quellen
FSC® C110508

Umschlaggestaltung: Sabine Schröder
Umschlagmotiv: iStock
Satz: VerlagsService Dietmar Schmitz, Heimstetten
Druck und Binden: Friedrich Pustet GmbH & Co.KG, Regensburg
Printed in Germany
ISBN: 978-3-7844-3618-0

www.langenmueller.de

Inhalt

Vorwort

Mit Beschluss vom 24. März 2021 hat das Bundesverfassungsgericht (BVerfG) auf Klage einiger Einzelpersonen wie Hannes Jaenicke (Schauspieler), Luisa Neubauer (Fridays for Future), Volker Quaschning (Professor für Regenerative Energiesysteme an der Hochschule für Technik und Wirtschaft in Berlin) und Josef Göppel (CSU-Politiker, Energiebeauftragter des Bundesministeriums für wirtschaftliche Zusammenarbeit) entschieden, dass das Klimaschutzgesetz vom 12. Dezember 2019 verfassungswidrig ist, weil »hinreichende Maßgaben für die weitere Emissionsreduktion ab dem Jahre 2031 fehlen«.[1] Die Klage war im Februar 2020 eingereicht worden. Unterstützt wurden die Einzelkläger unter anderem von den Aktivisten-Gruppierungen Germanwatch, Deutsche Umwelthilfe (DUH) sowie Greenpeace. Zu den parallel klagenden Organisationen gehörte der Solarenergie-Förderverein Deutschland (SFV) und der Bund für Umwelt und Naturschutz Deutschland (BUND).

Es ist schon sehr ungewöhnlich, dass über eine so hochkomplexe Klage mit weitreichenden Auswirkungen auf die durch die Verfassung garantierten Grundrechte, aber auch mit dramatischen Auswirkungen auf Wohlstand, Arbeitsplätze, Wirtschaftskraft und soziale Sicherungssysteme, innerhalb eines Jahres entschieden wird. Dass der Beschluss im Vorwahlkampf des Wahljahrs 2021 verkündet wurde, passt zu den Aussagen des Gerichts in Randnummer (im Folgenden abgekürzt als Rn.) 254, wonach der Beschluss dazu dienen soll, dass »Reduktionsmaßgaben so differenziert festgelegt« werden, denn erst dies erzeuge »den erforderlichen Planungsdruck, weil nur so erkennbar wird, dass und welche Produkte und Verhaltensweisen im weitesten Sinne schon bald erheblich umzugestalten sind.«

Das Gericht hat nur drei Stellungnahmen erhalten, jeweils eine des Deutschen Bundestages, der Bundesregierung und der Bundestagsfraktion der Grünen. Die Beklagten Deutscher Bundestag und Bundesregierung widersprechen den Klägern in der Sache nicht: Das Gericht zitiert etwa die Stellungnahme des Bundestages, es »sei von einer gegenwärtigen Grundrechtsbeeinträchtigung durch den Klimawandel auszugehen« (Rn. 48). Wenn Kläger und Beklagter ähnliche Positionen vertreten, ist ein einseitiges Ergebnis vorhersehbar. Es wundert dann kaum, dass die Stellungnahme der Grünen, in der die »Festlegung konkreter Reduktionsziele für den gesamten Zeitraum bis zur Erreichung von Klimaneutralität im Jahr 2050« gefordert wird, im Beschluss des Gerichts widergespiegelt wird.

Weder Industrieverbände noch Arbeitnehmerorganisationen oder andere gesellschaftliche Gruppen, für die das Ergebnis des Beschlusses von existenzieller Bedeutung ist, wurden angehört. Und bei dem wissenschaftlichen Fundament bezieht sich das Gericht im Wesentlichen auf vier Quellen: zum einen auf den Weltklimarat IPCC (Intergovernmental Panel on Climate Change), zum anderen auf das Buch »Der Klimawandel«[2] von Stefan Rahmstorf, dem Leiter der Abteilung Erdsystemanalyse am Potsdam-Institut für Klimafolgenforschung (PIK) und Professor für Physik der Ozeane an der Universität Potsdam, und Hans Joachim Schellnhuber, dem langjährigen Direktor des 1992 von ihm mitgegründeten PIK, ferner auf den Sachverständigenrat für Umweltfragen (SRU) und schließlich auf das Umweltbundesamt (UBA). Dabei ist das UBA als nachgeordnete Behörde der Bundesregierung schon fast wie eine Aktivistenorganisation einzustufen, wenn man sich den jüngsten Bericht[3] der Behörde zu den »Risiken der Erderhitzung in Deutschland« anschaut, wonach es in Deutschland bis 2100 um 5 Grad heißer werden könne. Das UBA vergisst dabei aber mitzuteilen, dass dieses Szenario die völlig absurde Annahme der Verbrennung aller Kohle-, Öl- und Gasvorkommen der Welt bis 2100 voraussetzen würde.

Kritiker dieser extrem unwahrscheinlichen und unrealistischen Szenarien von UBA, PIK oder dem Sachverständigenrat für Umweltfragen (SRU) wurden durch das Gericht nicht angehört. Die Berichterstatterin des Gerichts, Gabriele Britz, Professorin für Öffentliches Recht und Europarecht an der Justus-Liebig-Universität in Gießen und seit dem 2. Februar 2011 Richterin des Bundesverfassungsgerichts, hielt das offenbar nicht für erforderlich. Wenn so einseitig Quellen ausgewählt werden, darf man durchaus die Frage stellen, ob eine Befangenheit der Richterin vorlag, denn immerhin ist sie mit dem Vorstandssprecher der Grünen in Frankfurt am Main, Bastian Bergerhoff, verheiratet, den die *Frankfurter Neue Presse* den »heimliche(n) Herrscher der Grünen in Frankfurt« nennt.[4] Zur Kandidatur als Spitzenkandidat der Frankfurter Grünen forderte Bergerhoff im Dezember 2020 auf seiner persönlichen Webseite:[5]

»Dabei ist es wichtig, dass wir uns der Tatsache stellen, dass wir zur Erreichung der Pariser Klimaziele nur noch eine beschränkte Menge an CO_2 ausstoßen dürfen. ***Das verbleibende sogenannte ›CO_2-Budget‹ für Deutschland ab 2020 (das Jahr, das gerade vergangen ist) wird vom Sachverständigenrat für Umweltfragen auf rund 6,7 Milliarden Tonnen geschätzt.*** *Das klingt viel. Allerdings betrug der* ***Jahresausstoß in Deutschland in 2019*** *über 800 Millionen Tonnen. Im Klartext:* ***In diesem Tempo ist unser gesamtes verbleibendes Budget in 8 Jahren und 4 Monaten aufgebraucht.*** *... Es ist also allerhöchste Zeit, die Dinge grundlegend zu verändern«* (Hervorhebungen durch Bastian Bergerhoff).

Das hier als Ausgangspunkt politischer Forderung proklamierte Restbudget von 6,7 Milliarden Tonnen CO_2 ist auch der wesentliche Kern der Überlegungen des Verfassungsgerichts. Der Wunsch des Verfassers, »die Dinge grundlegend zu ändern«, wurde durch das Gericht konsequent umgesetzt. Um dahin zu kommen, musste das Gericht naturwissenschaftliche Fakten ignorieren und Folgendes neu erfinden:

»Der große Rest anthropogener CO2-Emissionen verbleibt aber langfristig in der Atmosphäre, summiert sich, trägt dort zur Erhöhung der CO2-Konzentration bei und entfaltet so Wirkung auf die Temperatur der Erde. Im Gegensatz zu anderen Treibhausgasen verlässt CO2

die Erdatmosphäre in einem für die Menschheit relevanten Zeitraum nicht mehr auf natürliche Weise. Jede weitere in die Erdatmosphäre gelangende und dieser nicht künstlich wieder entnommene (unten Rn. 33) CO2-Menge erhöht also bleibend die CO2-Konzentration und führt entsprechend zu einem weiteren Temperaturanstieg. Dieser Temperaturanstieg bleibt bestehen, auch wenn sich die Treibhausgaskonzentration nicht weiter erhöht« (Rn. 32).

Selbst der IPCC würde dem widersprechen, denn es werden zurzeit etwa 4,7 ppm (parts per million/Millionstel) jährlich durch anthropogene CO_2-Emissionen der Atmosphäre hinzugefügt, aber etwas mehr als die Hälfte der Emissionen wird durch Ozeane und Pflanzen aufgenommen. Das Gericht nimmt fälschlicherweise an, es wären »nur kleine Teile«, die aufgenommen würden. Da die Aufnahme von Pflanzen und Ozeanen proportional zur CO_2-Konzentration in der Atmosphäre (und nicht proportional zur jährlichen Emission!) erfolgt, hätte eine deutliche Emissionsreduktion – wie etwa eine Halbierung – in der Zukunft sehr wohl eine Konzentrationsminderung in der Atmosphäre zur Folge, denn die durch Pflanzen und Ozeane aufgenommenen etwa 2,6 ppm bleiben vorerst unverändert, auch wenn die CO_2-Emission auf 2,35 ppm sinkt.

Mit anderen Worten: Bei einer Halbierung der globalen Emissionen in zwanzig Jahren würde eine Konzentration von etwa 450 ppm wahrscheinlich niemals überschritten und die Klimakatastrophe wäre abgesagt. Indem es aber die CO_2-Senken ignoriert, hat das Gericht die Voraussetzung für den CO_2-Budgetansatz geschaffen:

»Daher lässt sich in Annäherung bestimmen, welche weitere Menge an CO2 noch höchstens dauerhaft in die Erdatmosphäre gelangen darf, damit diese angestrebte Erdtemperatur nicht überschritten wird … Diese Menge wird in der klimapolitischen und klimawissenschaftlichen Diskussion als ›CO2-Budget‹ bezeichnet« (Rn. 36).

Und nun fängt das Gericht an zu rechnen und folgt dem Gutachten des 6-köpfigen Sachverständigenrats SRU (stellv. Vorsitzende Claudia Kemfert, Leiterin der Abteilung Energie, Verkehr und Umwelt am Deutschen Institut für Wirtschaftsforschung sowie Professorin an der Leuphana Universität Lüneburg). Der SRU hatte in seinem Gutachten von 2020 das Budget des IPCC von 2018 zur Einhaltung eines Ziels von 1,75 °C mit 800 Gigatonnen CO_2 übernommen.[6] Diese Größe teilt der SRU durch die anteilige Bevölkerung (warum nicht durch das Bruttosozialprodukt?) und kommt zu 6,7 Gigatonnen CO_2, die Deutschland noch ausstoßen darf.

Dass die genannten 800 Gigatonnen selbst nach Ansicht des IPCC mit großer Unsicherheit versehen sind, erwähnt das Gericht, rechnet aber weiter mit den 6,7 Gigatonnen des SRU. Der Hamburger Klimaforscher Jochem Marotzke ging 2018 sogar von einer Erhöhung der zulässigen Emission an CO_2 für das 1,5-Grad-Ziel auf 1000 Gigatonnen aus.[7] Ursache hierfür war die Erkenntnis, dass die Pflanzen der grüner werdenden Erde unvorhergesehenerweise mehr CO_2 aufnehmen können als bislang vermutet. Aber das Gericht folgt lieber den Rechnereien des Sachverständigenrats für Umweltfragen und begeht damit einen weiteren schweren Abwägungsfehler.

Selbst wenn man den höchst fragwürdigen Restbudgetansatz von 800 Gigatonnen für die Welt zur Grundlage macht (zum Vergleich: 6,7 Gigatonnen entsprechen der CO_2-Emission eines halben Jahres der Volksrepublik China), darf doch nicht vergessen werden, dass Deutschland wichtige Güter für die Welt produziert, seien es Maschinen, Chemikalien, Arzneimittel, Flug- oder Kraftfahrzeuge. Produktionen, die mit CO_2-Emissionen verbunden sind, aber hochnotwendig für alle Länder der Welt, insbesondere die Entwicklungsländer sind. Daher kann man doch redlicherweise nicht den gleichen Maßstab der Bevölkerungszahl für Deutschland wie für Entwicklungsländer wie etwa Somalia, Syrien oder Afghanistan nehmen.

Würde man nicht den Bevölkerungsanteil mit 0,84 Prozent, sondern den Anteil an der CO_2-emittierenden Güterproduktion heranziehen, wäre das Budget mit 2 Prozent CO_2-Anteil etwa 2,5-mal so groß und würde damit 16,75 Gigatonnen betragen (immerhin noch eineinhalb Jahre China-Emissionen). Oder würde man etwa das erwähnte Bruttosozialprodukt als Bezugspunkt wählen, dann wäre das Restbudget ca. 32 Gigatonnen groß und würde kaum noch in diesem Jahrhundert aufgebraucht. Das Gericht interessiert das aber nicht, und es kommt ohne weitere Begründung zum Ergebnis, dass nach 2030 nur noch ein »CO_2-Restbudget von weniger als 1 Gigatonne übrigbleibt« (Rn. 233).

Wie die Politik die nach Ansicht des Gerichts 2030 noch vorhandene 1 Gigatonne CO_2 auf alle Sektoren und den Zeitraum 2030 bis 2050 verteilt, ist eine unlösbare Aufgabe. Es sei denn, man macht ab 2035 alles dicht. Damit nähert sich das Gericht der Auffassung eines Klägers, Volker Quaschning, der eine Null-CO_2-Emission für 2035 gefordert hatte. Das Gericht sieht also für Deutschland für 2030 bis 2050 ein Restbudget von durchschnittlich 0,05 Gigatonnen pro Jahr vor, so viel, wie allein die Baustoffindustrie emittiert, die naturgesetzlich durch die Zementherstellung CO_2 (Calciumcarbonat-Verarbeitung zu Calciumoxid) ausstößt.

Die Bundesregierung reagierte prompt. Sechs Wochen nach dem Urteil legte sie ein verschärftes Klimaschutzgesetz vor, das am 24.6.2021 im Bundestag beschlossen wurde. Durch das Gesetz wird die CO_2-Minderung bis 2030 um 65 Prozent gegenüber 1990 gesenkt, bis 2040 um 88 Prozent. 2045, fünf Jahre früher als das Gericht es verlangte, soll Treibhausgasneutralität erreicht werden. War schon das bisherige Klimaschutzgesetz dazu angetan, erhebliche Wohlstands- und Arbeitsplatzverluste bis 2030 zu bewirken, werden die jetzt zu erwartenden Verschärfungen zu tiefsten Verwerfungen führen.

Spät, sehr spät wird man erkennen, dass die Elektrifizierung der Sektoren Wärme, Verkehr und Industrie ohne Erdgas, ohne die in Deutschland verbotene CO_2-Abscheidung in tiefen Gesteinsschichten, ohne die in Deutschland verbotene Kernenergie nicht zu bewerkstelligen ist. Wind und Solar werden die nötige Energie jedenfalls nicht liefern. Denn es geht praktisch um die Stilllegung der Gas- und Ölheizungen, das Verbot von Benzin- und Dieselautos, die weitgehende Aufgabe des dieselbetriebenen LKW-Verkehrs, des Flugverkehrs, der Raffinerien, der Grundstoffindustrie und um die Durchleitung des in Nord Stream 1 und 2 ankommenden Erdgases (etwa 0,2 Gigatonnen CO_2 pro Jahr) an unsere Nachbarn, die es dann verbrennen dürfen – das volle grüne Programm also. Denn für 2040 sieht die Bundesregierung nur noch 0,1 Gigatonnen CO_2 an Restemission vor. Da bleibt dann neben der Landwirtschaft (heute knapp 0,1 Gigatonnen) nicht mehr viel übrig.

Das wird grandios scheitern. Das Bundesverfassungsgericht hat einen momentanen, mit hohen Unsicherheiten behafteten Diskussionsstand der Klimadebatte zum Anlass genommen, den CO_2-Knopf in Deutschland für 2030 bis 2050 auf null zu stellen. Bundesregierung und Bundestag überholen das Gericht mit der Verschärfung auf 2045. Politik und Gericht glauben offenbar fest daran, dass mit Windkraftanlagen und Solaranlagen 2400 Terawattstunden Energie (heutige Erzeugung rund 200 Terawattstunden) erzeugt werden können, und gleichzeitig Wettbewerbsfähigkeit und Versorgungssicherheit erhalten werden können, wissend, dass dieser Pfad die Energiekosten vervielfachen wird. Und dies in einem Land, das mittlerweile die weltweit höchsten Stromkosten hat.

Am Ende wird das Festhalten an diesen unerreichbaren Zielen zu einem Klima-Lockdown des Landes führen, sowie zu Strommangelwirtschaft, Fahrverboten, Zusammenbruch der Grundstoffindustrie wie der Chemieindustrie. 464 000 Arbeitsplätze gibt es hierzulande in 2000 Unternehmen der Chemieindustrie, mit Zulieferern eine Million hochwertige Arbeitsplätze. Schauen Sie sich um in Ihrem Umfeld, um zu entdecken, worauf man verzichten würde ohne Petrochemie, ohne Pharmaka, ohne Handy-Bildschirm, ohne Kabelummantelung, Dämmstoffe, Kosmetika, Farben, Lacke, Beschichtungen, Kunstfasern, Klebstoffe, Wasch- und Reinigungsmittel. Und stellen Sie sich vor, diese Produkte müssten nicht auf der Grundlage von Öl oder Gas, sondern auf Basis von Wasserstoff produziert werden, der aus Windenergie gewonnen wird. Ist das bei der benötigten Menge realistisch? Allein die BASF hat heute einen Stromverbrauch wie Dänemark und würde beim Ersatz von Öl und Gas durch Wasserstoff den Stromverbrauch verdreifachen – und das zu erheblich höheren Strompreisen. Es wird zu Kostenexplosionen kommen, die das soziale Gefüge Deutschlands auseinanderreißen werden.

Schon vor dem Beschluss des Bundesverfassungsgerichts und den Verschärfungen des Klimaschutzgesetzes warnte der Bundesrechnungshof in seinem Sonderbericht zur Energiewende,[8] »dass die Energiewende in dieser Form den Wirtschaftsstandort Deutschland gefährdet, die finanzielle Tragkraft der letztverbrauchenden Unternehmen und Privathaushalte überfordert und damit letztlich die gesellschaftliche Akzeptanz aufs Spiel setzt.«

Daher soll diese Denkschrift, die allen politisch Verantwortlichen und allen Wirtschafts- und Umweltjournalisten zur Verfügung gestellt wird und über den Buchhandel jedermann zugänglich ist, Politik, Medien und Öffentlichkeit darauf aufmerksam machen, auf welch fehlerhaften klimapolitischen Annahmen der Beschluss des Bundesverfassungsgerichts und die Beschlüsse von Bundestag und Bundesregierung beruhen.

Die vorliegende Analyse des BVerfG-Klimaschutz-Beschlusses bildet eine Ergänzung zu unserem im September 2020 im selben Verlag erschienenen Buch »Unerwünschte Wahrheiten: Was Sie über den Klimawandel wissen sollten«. In 50 Kapiteln gehen wir dort systematisch und kritisch auf die wichtigsten Aspekte und Streitpunkte der Klimadebatte und der Energiewende ein, detailliert belegt durch 2300 Fachquellen.

Wir danken Dr. Lutz Peters, dem Ideengeber für diese Denkschrift, der uns ermutigt hat, dieses Dokument noch vor den Wahlen zum Deutschen Bundestag fertigzustellen. Ebenso danken wir Michael Fleissner vom Langen Müller Verlag, der in kürzester Frist dieses Buchprojekt umgesetzt hat.

Prof. Fritz Vahrenholt, Hamburg
Dr. habil. Sebastian Lüning, Lissabon

Zusammenfassung

Ende April 2021 veröffentlichte der Erste Senat des Bundesverfassungsgerichts (als Antwort auf vier gebündelte Klima-Verfassungsbeschwerden) einen Beschluss, gemäß dem die Emissionsreduktion in Deutschland auch über das Jahr 2030 hinaus bereits *jetzt* zu regeln ist. Denn das dann gemäß den im Klimaschutzgesetz vom Dezember 2019 festgelegten nationalen Klimaschutzzielen noch zur Verfügung stehende »CO_2-Restbudget« ist nach Ansicht des BVerfG äußerst gering und würde die Freiheit zukünftiger Generationen zu sehr einschränken. Eine 110-seitige Begründung des Beschlusses ist auf der Webseite des BVerfG verfügbar. Im vorliegenden Faktencheck prüfen wir die Argumentation des Gerichts auf fachliche Richtigkeit, Vollständigkeit und Plausibilität.

Die Klimawissenschaften sind ein hochkomplexes Gebiet mit noch vielen Unsicherheiten, ungeklärten Grundsatzfragen und kontroversen Fachdiskussionen. Es ist daher verwunderlich, dass sich das BVerfG überhaupt an dieses schwierige Thema herangewagt hat, ohne hierfür fachlich adäquat gerüstet zu sein. Die Entscheidung des BVerfG erfolgte einstimmig, unterschrieben von allen acht Richtern des Ersten Senats. Keiner der Richter besitzt jedoch entsprechende klimawissenschaftliche Expertise. Die Leitsätze der Beschlussbegründung werden üblicherweise vom festen Mitarbeiterstamm des Bundesverfassungsgerichts entworfen. Eine namentliche Nennung der am Dokument beteiligten Mitarbeiter und ihrer Fachexpertise findet jedoch nicht statt. Unklar ist auch, ob das BVerfG externe Fachberater hinzugezogen hat, und falls ja, welche. Insofern ist fraglich, ob an dem Dokument überhaupt Fachleute mit klimawissenschaftlicher oder energiewirtschaftlicher Expertise beteiligt gewesen sind.

Diese Zweifel erhärten sich angesichts einiger leicht vermeidbarer »Anfängerfehler«, die das Dokument enthält. So behauptet das BVerfG (Rn. 19), dass zwischen Treibhausgasen und dem Anstieg der Temperatur eine »annähernd lineare Beziehung« bestünde. Das ist falsch, denn der Zusammenhang ist in Wirklichkeit logarithmisch. An anderer Stelle erklärt das Gericht fälschlicherweise, dass nur kleine Teile der anthropogenen Emissionen von den Meeren und der terrestrischen Biosphäre aufgenommen würden (Rn. 32). Auch dies ist objektiv falsch, da derzeit etwa die Hälfte aller globalen Emissionen von CO_2-Senken abgepuffert werden, während die andere Hälfte zum Anstieg des CO_2-Gehalts in der Atmosphäre beiträgt.

Fehlendes Fachwissen führte wohl auch zu einer anderen Fehlannahme, die sich als Folgefehler quer durch den Leitfaden und die darin entwickelte Argumentation zieht. Das BVerfG glaubt, dass die Temperaturentwicklung im 21. Jahrhundert vor allem von der Treibhausgaskonzentration abhinge (Rn. 19). Dabei übersieht das Gericht einen zweiten entscheidenden Faktor, nämlich die noch immer schlecht bekannte Erwärmungswirksamkeit des CO_2. Der IPCC gibt in seinem 5. Klimazustandsbericht eine sehr große Unsicherheitsspanne für die sogenannte CO_2-Klimasensitivität an (Gleichgewichtswert, ECS). Pro CO_2-Verdopplung kann die Erwärmung 1,5 °C betragen, aber auch bis zu 4,5 °C, also dem Dreifachen. Die Endglieder dieser Spanne besitzen gänzlich unterschiedliche Aussagen zur Klimawandelgefahr, die von »beherrschbar« bis »katastrophal« reichen. Eine Reihe von wissenschaftlichen Arbeiten favorisiert mittlerweile Werte im unteren Bereich der IPCC-Spanne.

Zwar gibt das BVerfG an, den IPCC als wichtige Grundlage seiner Begründung zu verwenden (Rn. 16), versäumt es dann aber, diesen vom IPCC gut dokumentierten Aspekt zu berücksichtigen.

Ganz entgegen den wissenschaftlichen Gepflogenheiten operiert das BVerfG in seiner Analyse mit einem einzigen Wert für das CO_2-Restbudget, ohne Angabe von begründeten Fehlerbalken. Zwar werden gewisse Unsicherheiten eingeräumt, diese aber nicht transparent entwickelt und für politische Entscheider illustriert.

Einfache Überschlagsrechnungen auf Basis der vom IPCC angegebenen Wertespanne der CO_2-Klimasensitivität und realistischen Emissionsszenarien ergeben ein ganz anderes Bild, als vom BVerfG skizziert. Eine vollständige Erfüllung aller im Pariser Klimavertrag gemachten Zusagen würde zu einer Entwicklung ähnlich dem »RCP 4.5 Treibhausgas-Konzentrationspfad« führen, einem von vier Repräsentativen Konzentrationspfaden (Representative Concentration Pathways – RCPs), die im 5. Sachstandsbericht des IPCC von 2013/14 die früheren SRES-Szenarien ersetzen und die Treibhausgaskonzentration und den Strahlungsantrieb als Ausgangspunkt nehmen. Gemäß IPCC-Spanne der Klimasensitivitäten (kürzermaßstäblicher Wert, transient climate response, TCR) lässt sich hierfür eine Gesamterwärmung von 1,3 °C bis 2,8 °C gegenüber dem »vorindustriellen Niveau« von 1850–1900 abschätzen. Dabei ist zu beachten, dass 1850 am Ende der Kleinen Eiszeit noch im Kontext der vergangenen Jahrtausende weit unterdurchschnittliche Temperaturen herrschten. Weshalb das BVerfG unter Bezug auf das Bundesumweltministerium behauptet, eine Erwärmung von mehr als 3 °C bis zum Jahr 2100 sei wahrscheinlich, wenn aktuelle Zusagen zur Emissionsreduktion eingehalten würden (Rn. 22), ist nicht nachvollziehbar.

Durch die Auslassung der in Fachpublikationen und vom IPCC quantitativ angegebenen Unsicherheiten erweckt das BVerfG in seiner Beschlussbegründung den Eindruck einer alternativlosen klimatischen Gefahrenlage. Hätte das BVerfG die noch immer große Unsicherheitsspanne des genauen Wertes der CO_2-Klimasensitivität angemessen berücksichtigt, wären die eventuell noch bestehenden erheblich größeren Handlungsspielräume deutlich geworden. Dies gilt in gleicher Weise für das an diese Entwicklung eng gekoppelte CO_2-Restbudget sowie politische Optionen, zum Beispiel ein schrittweises Vorgehen mit regelmäßiger Überprüfung von Klimaentwicklung und wissenschaftlichem Kenntnisstand zur CO_2-Klimasensitivität, etwa alle fünf Jahre.

Im gesamten Bericht fällt auf, dass das BVerfG den Sichtweisen des Potsdam-Instituts für Klimafolgenforschung (PIK) großes

Gewicht beimisst. Dabei hat das Gericht übersehen, dass die vom PIK gepflegten, meist dramatischen Ansichten zur Klimagefahr in vielen Fällen wissenschaftliche Außenseitermeinungen darstellen. Viele Fachkollegen lehnen die extremen PIK-Thesen ab, was in der klimawissenschaflichen Literatur gut dokumentiert ist. Es muss Spekulation bleiben, ob dies in Unkenntnis der Literaturlage geschieht, die Folge einer möglichen Beteiligung des PIK als externe Berater widerspiegelt oder auf einer unkritischen Übernahme von Argumenten der Beschwerdeführer zurückzuführen ist.

Ein gutes Beispiel ist die Gefahr klimatischer Kipppunkte, die vom BVerfG als wichtiges Argument Verwendung findet (Rn. 21). Das Konzept der Kipppunkte wurde um das Jahr 2000 von Hans Joachim Schellnhuber in die Debatte eingeführt. Einer Vielzahl von Fachkollegen geht die Dramatik der Kipppunkte jedoch deutlich zu weit. Das BVerfG hätte nur einen Blick in den 5. Klimazustandsbericht des IPCC werfen müssen, in dem die meisten Kipppunkte als »sehr unwahrscheinlich« (»very unlikely«) oder mit einem »geringen Vertrauen« (»low confidence«) gekennzeichnet sind. Ähnlich wenig Unterstützung durch die Fachwelt erfahren die dramatischen PIK-Konzepte zum Golfstrom und Jetstream (beide Rn. 20).

Die fehlende fachliche Ausgewogenheit und irritierende PIK-Dominanz in der Argumentation des BVerfG wird auch durch mehrfaches Zitieren des Buches »Der Klimawandel« der beiden PIK-Autoren Stefan Rahmstorf und Hans Joachim Schellnhuber deutlich. Bei diesem Buch handelt es sich um ein populärwissenschaftliches Werk, das kein formales Begutachtungsverfahren durchlaufen hat, aber trotzdem vom BVerfG mitverarbeitet wird.

Unkritisch geht das BVerfG auch mit vielen dramatisierenden Aussagen zum Extremwetter um (Rn. 23-1), obwohl in den wenigsten Fällen bislang ein Trend außerhalb der natürlichen Schwankungsbreite erkennbar ist. Beim Meeresspiegel behauptet das BVerfG einen Anstieg von deutlich über einem Meter bis zum Ende des 21. Jahrhunderts (Rn. 25-1). Auch dies stellt wieder eine PIK-Außenseitermeinung dar. Laut einer aktuellen Studie der Universität Utrecht ist bis 2100 eher mit einem Anstieg von 33 cm zu rechnen. So zieht sich die Dramatisierung vieler Klimaaspekte quer durch den Bericht, von angeblich vom Klimawandel verursachten Krankheiten (Rn. 23-2) über Sturmfluten (Rn. 25-2), Dürren (Rn. 27), Klimaflüchtlinge (Rn. 28-1) bis hin zur natürlichen Küstenerosion (Rn. 28-2). Eine Fachbegutachtung hätten die BVerfG-Leitsätze sicher nicht erfolgreich überstanden. Und trotzdem bilden sie die Grundlage politischer Entscheidungen.

Eine schwerwiegende Fehleinschätzung unterläuft dem Gericht im Bereich der sogenannten Negativemissionstechnologien. Das BVerfG stellt Maßnahmen zur Kohlenstoffsequestrierung (CCS) als »in größerem Maßstab schwer realisierbar« und wirtschaftlich beschränkt rentabel dar (Rn. 33, Rn. 227). In Wirklichkeit wird CCS von der Öl- und Gasindustrie bereits seit Jahrzehnten erfolgreich durchgeführt, ist also technisch in den Grundzügen erprobt. Das Problem war bislang die Kommerzialisierung, da CO_2 kaum einen Wert hatte. Dies hat sich mittlerweile grundlegend geändert. Der CO_2-Preis in Europa hat im Mai 2021 erstmals die 50 Euro-Marke pro Tonne CO_2 durchbrochen und wird bis Ende des Jahrzehnts nach norwegischem Vorbild wohl weiter deutlich steigen. Laut Industrie-Berechnungen beginnen CCS-Projekte ab 50 Euro pro Tonne CO_2 wirtschaftlich zu werden, sodass soeben der Startschuss zum Aufbau einer großmaßstäblichen CCS-Industrie weltweit gegeben wurde. Eine Vielzahl von Pilot- und Demonstrationsprojekten ist bereits im Bereich der Nordsee, in den USA und in Australien im Aufbau. Hätte das BVerfG in realistischer Weise auch »Negativemissionstechnologien« berücksichtigt, so wäre eine ganz andere Gesamtaussage des Beschlusses möglich gewesen.

Die lückenhafte Behandlung der zu beratenden Themen durch das Gericht wird auch beim Thema CO_2-Restbudget deutlich. Im Sinne der Transparenz hätte das BVerfG nämlich einräumen müssen, dass es laut 5. Klimazustandsbericht des IPCC bereits 2018 eigentlich kein CO_2-Restbudget mehr gegeben hat. Die CO_2-Restbudget-Uhr des Mercator Research Institute on Global Commons and Climate Change (MCC) stand damals beim 1,5-Grad-Ziel bereits auf null. Ein abgelaufenes CO_2-Budget hinterlässt in der Öffentlichkeit jedoch wenig Eindruck, wenn gleichzeitig Klimaverwerfungen ausbleiben. Die vom BVerfG erwähnten 420 Gigatonnen Restbudget wurden kurzerhand vom IPCC im Rahmen eines Sonderberichts zum 1,5-Grad-Ziel neu hinzugefügt. Auf diese Weise wurden der Weltbevölkerung quasi »über Nacht« weitere 10 Jahre an CO_2-Emissionen zugestanden, ohne dass das 1,5-Grad-Erwärmungsziel überschritten würde.

Im Sinne der Transparenz hätte das BVerfG diesen Kontext nicht verschweigen dürfen. Denn ohne die unerwartete Aufstockung des Restbudgets wäre die Haupt-Argumentation des Gerichts, die Reduktionslast zur Minderung der Emissionen gleichmäßig auf die Generationen zu verteilen, gar nicht möglich gewesen. Wenn es kein CO_2-Restbudget gibt, dann sind sowohl heutige als auch zukünftige Generationen in ähnlicher Weise betroffen, sodass ein Verstoß gegen Art. 20a des Grundgesetzes (Schutz der Lebensgrundlage zukünftiger Generationen) nicht erkennbar ist. Die Prognoseschwächen des IPCC und seine kurzfristigen »Reparaturversuche« tragen nicht gerade dazu bei, das Vertrauen in die IPCC-Modelle zu stärken. So überraschte der Hamburger Klimaforscher Marotzke im Vorfeld des IPCC-Sonderberichts (SR15) von 2018 mit der Aussage, dass sich die zulässige Emission an CO_2 bis zur 1,5-Grad-Marke sogar noch weiter auf 1000 Gigatonnen erhöht hätte. Gemäß dieser Rechnung wäre auch Deutschlands CO_2-Restbudget also erheblich höher als vom BVerfG angenommen.

Das BVerfG muss sich den Vorwurf gefallen lassen, eine komplexe und noch lange nicht abgeschlossene klimawissenschaftliche Berechnungsdebatte irreführenderweise auf einen einzigen, mehr als fragwürdigen Restbudget-Wert reduziert zu haben. Zwar werden Unsicherheiten erwähnt, deren Auswirkungen aber nicht transparent und neutral diskutiert. Dazu kommen noch die zuvor angeführten gravierenden Unsicherheiten im Zusammenhang mit der nur schlecht bekannten CO_2-Klimawirkung, die das Gericht vollständig ausspart.

Laut Beschlussbegründung (Rn. 254) möchte das BVerfG »Planungsdruck« erzeugen und »Verhaltensweisen« ändern. An einer neutralen Darstellung der Klimagefahrenlage war dem Gericht offensichtlich nicht gelegen. Stattdessen scheint sich das BVerfG die Sichtweise der Klägerseite zu eigen gemacht zu haben und blendet systematisch alles aus, was die Klimagefahr relativieren könnte. Dabei hat das Gericht den eigenen Kompetenzrahmen weit überdehnt. Am Ende führt ein solcher Beschluss zu einem schwerwiegenden Vertrauensverlust in die Institution und Arbeit des BVerfG. Wenn fachlich komplexe Themen derart schlecht und einseitig recherchiert werden, müssen Neutralität und Unabhängigkeit des Gerichts in Zweifel gezogen werden.

Faktencheck

Im Folgenden zitieren wir zunächst einen Abschnitt aus der Beschlussbegründung des BVerfG[1] , den wir dann jeweils fachlich überprüfen und kommentieren. Die Passagen können über die Randnummer (Rn.) und Seitenangaben im Originaltext des BVerfG gefunden werden. Die Fettsetzung wurde durch uns ergänzt, um den Themenbezug der Kommentare deutlich zu machen. Noch ein kurzer Hinweis zur Schreibweise des CO_2. Wir stellen die »2« in unseren Ausführungen gemäß der wissenschaftlich korrekten Schreibweise tief. Das BVerfG tut dies aber nicht. Daher ist die »2« in den Zitaten des BVerfG auch nicht tiefgestellt.

1. Die Zuverlässigkeit des IPCC

Das Bundesverfassungsgericht schreibt (Rn. 16, Seite 24):

»Der tatsächliche Hintergrund des anthropogenen Klimawandels, seine Folgen und die Risiken werden in den Sachstandsberichten und Sonderberichten des ›Weltklimarats‹ (Zwischenstaatlicher Ausschuss für Klimaänderungen – Intergovernmental Panel on Climate Change <IPCC>) beschrieben. **Diese gelten als zuverlässige Zusammenfassungen** des aktuellen Kenntnisstands zum Klimawandel und werden als solche etwa vom Bundesministerium für Umwelt, Naturschutz und nukleare Sicherheit, vom Umweltbundesamt (UBA) oder vom Sachverständigenrat für Umweltfragen (im Folgenden: Sachverständigenrat <SRU>) wie auch von der Europäischen Union und auf internationaler Ebene herangezogen.«

Faktencheck:

Das Bundesverfassungsgericht stützt sich unter anderem auf Berichte des IPCC und sieht diese als »zuverlässige Zusammenfassungen des aktuellen Kenntnisstands zum Klimawandel« an. Es ist richtig, dass die Berichte des IPCC von Hunderten von Wissenschaftlern in einem mehrstufigen Begutachtungsverfahren erstellt werden, als Grundlage für politische Entscheidungen.

Allerdings wird die Struktur der Berichte sowie die Auswahl der Autoren zu einem großen Teil durch Politiker mitbestimmt. Das entscheidende Gremium ist der IPCC-Vorstand (englisch: IPCC Bureau), der aus 34 Personen besteht und von politischen Vertretern der 195 Mitgliedsstaaten gewählt wird. Jedes der IPCC-Länder hat dabei eine Stimme. Mit der Auswahl der ersten Hierarchieebene der Autoren entscheidet der Vorstand bereits die inhaltliche Richtung der Berichte. Zudem ist der IPCC-Vorstand auch an der Auswahl der Begutachtungseditoren maßgeblich beteiligt.[9]

Durch die politische Filterung der Autoren und Verantwortlichen für den Begutachtungsprozess werden Kritiker in der Regel ausgeschlossen. Die IPCC-Berichte spiegeln daher oft nicht die gesamte Bandbreite des wissenschaftlichen Meinungsspektrums wider. Bereits seit längerem wird gefordert, dass der IPCC seine Autoren gemäß eines ausgewogeneren 360°-Prinzips unter Beteiligung von Vertretern *aller* Interessensgruppen zusammenstellt, bislang ohne Erfolg.[10; 11; 12] Während Angehörige der Industrie von der Autorenschaft weitgehend ausgeschlossen sind, befindet sich unter den Autoren eines jeden IPCC-Berichts eine größere Anzahl von Mitgliedern von Umweltaktivisten-Organisationen, die als Lobbyisten ihrer Organisationen vor allem die Verschärfung der Dekarbonisierung zum Ziel haben.

Da im Sinne der wissenschaftlichen Diversität niemand von der Teilnahme an der Berichtserstellung ausgeschlossen werden sollte, müsste die Anzahl von beteiligten Klimalobbyisten und Vertretern der betroffenen Industrie fein ausbalanciert sein. Dies ist jedoch nicht der Fall. Die kanadische Journalistin Donna Laframboise recherchierte, dass am 4. Klimazustandsbericht des IPCC von 2007 an 28 von 44 Kapiteln – also an zwei Dritteln der Kapitel – mindestens ein Autor beteiligt war, der mit dem World Wide Fund for Nature (WWF) direkt oder indirekt assoziiert war.[13] 15 der 44 Kapitel wurden von einem WWF-nahen Autor als koordinierendem Leitautor mitgeleitet.[13] Auch am aktuell entstehenden 6. Klimazustandsbericht des IPCC schreiben wieder Klimaaktivisten mit, darunter mehrere Mitarbeiter des Berliner Thinktanks Climate Analytics, der 2008 von drei Greenpeace-nahen Wissenschaftlern begründet wurde und der sich unter anderem über Zuwendungen von Greenpeace und der aktivistischen Durchreichestiftung European Climate Foundation (ECF) finanziert.

Immer wieder geriet der IPCC auch durch andere Pannen und Vorkommnisse in die Schlagzeilen. So warnte der IPCC in seinem 4. Klimazustandsbericht von 2007 davor, dass die Gletscher des Himalayas bis 2035 vollständig verschwunden sein könnten. Eine peinliche Panne, die erst drei Jahre nach Veröffentlichung entdeckt wurde. Offensichtlich stammte die Zahl 2035 aus einem alten Interview. Ursprünglich wurde dort aber das Jahr 2350 genannt, aus dem die IPCC-Autoren per Zahlendreher schlampigerweise das Jahr 2035 gemacht hatten. Das dazugehörige Zitat im Bericht des IPCC führt nicht etwa zu einer begutachteten wissenschaftlichen Arbeit, sondern zu einem Text der Umweltaktivistengruppierung WWF.[14]

Forscher der Universitäten Glasgow und Maryland untersuchten den Nominierungsprozess der Berichtsautoren einer von der UN beauftragten Ökosystem-Auswertung, an der 1360 Experten mitwirkten. Philip Leifeld und Dana R. Fisher identifizierten dabei ein Schneeballsystem, bei dem einige wenige Wissenschaftler einen großen Einfluss auf die Zusammensetzung der beteiligten Autoren ausübten.[10] Hierbei spielten persönliche Netzwerke und Mitgliedschaften in anderen internationalen Organisationen eine große Rolle. Außenstehende Forscher hatten es dabei schwer, in den Elitezirkel der Berichtsautoren aufgenommen zu werden, da wissenschaftliche Torwächter ihnen den Zugang verwehrten. Die im angesehenen Fachblatt *Nature Climate Change* erschienene Studie warnt, dass die bestehenden selbstverstärkenden Nominierungsverfahren der wissenschaftlichen UN-Berichte die wissenschaftliche Meinungsvielfalt einschränken und zu einseitigen, persönlich motivierten Ergebnissen führen können. Leifeld und Fisher empfahlen dem IPCC explizit, die Erkenntnisse ihrer Studie bei der Autorenauswahl der kommenden Klimazustandsberichte zu berücksichtigen.[10] Der IPCC ignorierte die Empfehlungen.

Beim IPCC handelt es sich nicht um einen rein akademischen Zusammenschluss zur Klärung von Klimafragen und deren Auswirkungen. Es geht auch um Einfluss auf Finanzen und Macht. In einem Interview 2010 mit der *Neuen Zürcher Zeitung (NZZ)* sagte Ottmar Edenhofer, Chefökonom am Potsdam-Institut für Klimafolgenforschung (PIK):[15]

»Aber man muss klar sagen: Wir verteilen durch die Klimapolitik de facto das Weltvermögen um. Dass die Besitzer von Kohle und Öl davon nicht begeistert sind, liegt auf der Hand. Man muss sich von der Illusion frei machen, dass internationale Klimapolitik Umweltpolitik ist. Das hat mit Umweltpolitik, mit Problemen wie Waldsterben oder Ozonloch, fast nichts mehr zu tun.«

Für die im IPCC in der Mehrheit vertretenen Entwicklungsländer geht es unter anderem um den Zugang zu einem mit jährlich 100 Milliarden US-Dollar üppig gefüllten Green Climate Fund (GCF).[16] Dieser ist zur Begleichung von »Klimaschäden« und als Finanztransfer von Geldern aus Industrieländern in Entwicklungsländer angelegt. Die IPCC-Berichte spielen dabei eine bedeutende Rolle, da die dort skizzierte Klimabedrohung die Grundlage für die Auszahlung der Gelder bildet.

Die pauschale Annahme des Bundesverfassungsgerichts, die Ergebnisse des IPCC seien generell zuverlässig und unstrittig, ist nicht haltbar. Es bleibt unberücksichtigt, dass der IPCC eine politisch kontrollierte Organisation mit vorgefiltertem wissenschaftlichem Meinungsspektrum ist. Die überproportionale Beteiligung von Umweltaktivistengruppierungen gegenüber Vertretern der Wirtschaft deutet darauf hin, dass der IPCC seine ihm zugedachte unabhängige Funktion kaum wahrnehmen kann. Hierzu wären eine ausgewogenere Zusammensetzung und eine von der Politik unabhängige wissenschaftliche Entscheidungsfindung notwendig.

2. Die Unsicherheitsspanne der CO_2-Erwärmungswirkung

Das Bundesverfassungsgericht schreibt (Rn. 17, Seiten 24-25):

»Der IPCC forscht nicht selbst, sondern fasst die Aussagen dieser Veröffentlichungen in Sachstandsberichten und Sonderberichten zusammen und bewertet sie aus wissenschaftlicher Sicht. Die Autoren müssen sich auf die jeweilige Bewertung des Sachstandes **unter Angabe von Vertrauensniveaus einigen und konträre Ansichten, Wissenslücken und Unsicherheiten klar darstellen** [...] Die Ergebnisse werden erneut **von unabhängigen Expertinnen und Experten begutachtet.«**

Faktencheck:

Der IPCC gibt in der Tat Unsicherheiten und Vertrauensniveaus an. Allerdings sind die Unsicherheiten in einigen Fällen zu gering, da kritische Klimawissenschaftler durch die politisch gefilterte Auswahl der IPCC-Autoren in der Regel nicht beteiligt sind (siehe Kommentar zu Kapitel 1, Die Zuverlässigkeit des IPCC, Rn. 16). Ein Beispiel ist die Zuordnung der globalen Erwärmung der letzten 150 Jahre. Noch im 5. Klimazustandsbericht des IPCC (AR5) von 2013 wurden den anthropogenen Faktoren »mehr als 50 %« zugeordnet. Dies ließ bis zu 49 Prozent Raum für natürliche Klimafaktoren. Im IPCC-Sonderbericht von 2018 war sich der IPCC plötzlich ganz sicher, dass 100 Prozent der gemessenen Erwärmung anthropogenen Ursprungs ist. Die noch 5 Jahre zuvor eingeräumte Unsicherheit wurde aus unerfindlichen Gründen plötzlich zurückgezogen. Dies verwundert umso mehr, da die Klimawirksamkeit des CO_2 laut IPCC noch immer schlecht bekannt ist. Im AR5-Bericht wird für den außerordentlich wichtigen Wert der CO_2-

Klimasensitivität noch eine weite Spanne von 1,5 bis 4,5 °C Erwärmung pro CO_2-Verdopplung angegeben. Zwischen dem unteren und oberen Wert der Unsicherheitsspanne besteht ein Faktor drei.

Die Endglieder dieser Spanne besitzen gänzlich unterschiedliche Aussagen zur Klimagefahr und damit für die gesellschaftlichen Konsequenzen. Ein Wert von 1,5 °C pro CO_2-Verdopplung würde bedeuten, dass selbst bei fortgesetzten Emissionen auf dem heutigen Niveau das 2-Grad-Ziel bis 2100 wohl kaum überschritten werden würde (siehe Kommentierung unter »8. Die zu erwartende Erwärmung bis 2100« zu Rn. 22). Die Klimagefahr wäre »beherrschbar«, und die Gesellschaft hätte viel mehr Zeit, die Energiewende ökonomisch und sozial nachhaltig zu planen, ohne Klimaalarmkulisse. Die obere Schwelle von 4,5 °C pro CO_2-Verdopplung hingegen würde ein unmittelbares Handeln erfordern, um eine Klimakatastrophe abzuwenden. Das BVerfG hätte im Sinne der Transparenz diese riesigen Unterschiede der vom IPCC angegebenen Unsicherheitsspanne thematisieren müssen. Wichtigstes Ziel der Wissenschaft sollte es sein, diese enorme Spanne schnellstmöglich zu reduzieren, anstatt sich politisch auf einen theoretischen Mittelwert von 3,0 °C pro CO_2-Verdopplung einzulassen. Ebenso unerwähnt bleibt vom BVerfG, dass es eine ganze Reihe von wissenschaftlichen Arbeiten gibt, die die wirkliche CO_2-Klimasensitivität in der unteren Hälfte oder sogar im unteren Drittel der IPCC-Spanne verortet. Dies mindert die Klimagefahr enorm und erhöht im Gegenzug das verbleibende CO_2-Restbudget bis zum Überschreiten der 1,5- bzw. 2,0 °C-Marke signifikant.

Zu den größten Unbekannten im Klimageschehen und in den Klimamodellen gehören die Wolken und Schwebstoffteilchen (Aerosole). Eine Expertengruppe des Hamburger Max-Planck-Instituts für Meteorologie (MPI-M) um Bjorn Stevens und Thorsten Mauritsen hat hier in den letzten Jahren riesige Fortschritte gemacht, was nun verbesserte Abschätzungen der CO_2-Klimasensitivität ermöglicht. Eine Haupterkenntnis ist, dass die Erde offenbar eine Art »Iris« besitzt, die dafür sorgt, dass bei mehr Erwärmung auch mehr Wärme abgegeben wird als bei kühleren

Temperaturen. Im Zeitraum 2013–2017 waren die Hamburger an mehreren Veröffentlichungen beteiligt, die die CO_2-Klimasensitivität (ECS) im Bereich 1,8–2,2 °C verorteten.[17; 18; 19; 20; 21] Der mittlere Wert von 2,0 °C liegt dabei ein ganzes Grad unter dem besten Schätzwert des 4. Klimazustandsberichts des IPCC sowie lediglich ein halbes Grad oberhalb der Untergrenze der IPCC-Unsicherheitsspanne. Das MPI-M betonte die Bedeutsamkeit der neuen Ergebnisse in einer Pressemitteilung aus dem Mai 2016:[21]

»Die Klimasensitivität der Erde wurde oft als der ›Heilige Gral‹ der Klimawissenschaft angesehen. Es gibt keine andere Maßzahl, die so viel über Klimawandel aussagt wie die Klimasensitivität. […] Im Bereich der Tropen ist das Verhältnis von Schwankungen der ins All abgegebenen Infrarotstrahlung zur Oberflächentemperatur in Beobachtungen größer, als es in Klimasimulationen ist. Das könnte darauf hinweisen, dass in den Modellen wichtige Rückkopplungsprozesse fehlen. […] Sowohl eine niedrigere Klimasensitivität von etwa 2 °C als auch eine verstärkte hydrologische Änderung könnten die Modelle näher an die besten Schätzungen aus Beobachtungen heranbringen.«

Vergleichsweise niedrige CO_2-Klimasensitivitäten nahe der IPCC-Untergrenze berechnen auch die beiden Klimaforscher Nicholas Lewis und Judith Curry aus Großbritannien bzw. den USA. Auf Basis von Energiebudget-Betrachtungen kommen sie auf Werte von 1,6–1,7 °C.[22; 23; 24] Eine Reihe weiterer Forschergruppen schlagen Klimasensitivitäten deutlich unterhalb des besten Schätzwerts des 4. IPCC-Berichts von 3,0 °C vor. Die veröffentlichten Werte fallen in die ECS-Kategorien 2,5–2,1 °C,[25; 26; 27; 28; 29] 2,0–1,6 °C[30; 31; 32; 33; 34] und 1,5–1,0 °C.[35; 36; 37; 38]

Natürlich gibt es auch Forscher, die das andere Ende des Meinungsspektrums propagieren. So gibt es immer noch Arbeiten, die mit ECS-Werten von 5 °C, 6 °C und sogar 9 °C rechnen,[39; 40; 41] auch wenn sie deutlich in der Minderheit sind. Mehrere Studien konnten jedoch zeigen, dass derartig hohe Klimasensitivitäten praktisch auszuschließen sind.[42; 43; 44] Unklar ist ebenfalls, ob die ECS unter 1 °C liegen kann, wie von einigen Autoren vorgeschlagen wurde.[45; 46; 47] Dies würde negative Rückkopplungseffekte erfordern.

Das BVerfG geht in seiner Beschlussbegründung mit keinem Wort auf die anhaltende und wichtige Diskussion der CO_2-Klimasensitivität ein. Es werden zwar gewisse Unsicherheiten eingeräumt, jedoch nicht im Detail spezifiziert. Die Arbeiten des Hamburger Max-Planck-Instituts bleiben unerwähnt. Das BVerfG gibt in Rn. 17 ebenfalls an, dass die IPCC-Berichte »von unabhängigen Expertinnen und Experten begutachtet« werden. In der Tat ist die Registrierung als Gutachter relativ problemlos und steht im Gegensatz zur IPCC-Autorenschaft auch Wissenschaftlern offen, die dem Klimakatastrophengedanken kritisch gegenüberstehen. Allerdings werden die kritischen Kommentare meist von den IPCC-Autoren ignoriert. Zwar werden bei Erscheinen der IPCC-Berichte auch die umfangreichen Gutachterprotokolle mitveröffentlicht, die jedoch kaum in der Öffentlichkeit berücksichtigt werden. Eine stichprobenhafte Überprüfung ergab, dass berechtigte Kritik der Gutachter in vielen Fällen von den IPCC-Autoren ohne Angabe von plausiblen Gründen ohne Konsequenzen übergangen wird.[48; 49]

Zum Teil sind kontroverse Themenbereiche von vorneherein bei der Berichtsplanung von den beteiligten Regierungen ausgespart worden, sodass Gutachterkritik ins Leere läuft. Die als unparteiisch angelegte Rolle der »Gutachter-Editoren«, die eigentlich die Qualität des Begutachtungsprozesses absichern soll, greift nicht. Denn auch die Gutachter-Editoren werden vom IPCC-Vorstand bestimmt, der politisch und nicht wissenschaftlich gewählt wird. So kann sich die politisch bevorzugte Denkrichtung sowohl bei den Autoren als auch bei den Begutachtungs-»Schiedsrichtern« letztendlich problemlos durchsetzen. Das vom BVerfG angeführte Argument der angeblich qualitätssichernden Begutachtung ist daher löchrig.

3. Der klimageschichtliche Vergleich

Das Bundesverfassungsgericht schreibt (Rn. 18, Seite 25):

»Die derzeit beobachtete, **im klimageschichtlichen Vergleich stark beschleunigte Erwärmung** der Erde beruht nach nahezu einhelliger wissenschaftlicher Ansicht **im Wesentlichen auf der durch anthropogene Emissionen** hervorgerufenen Veränderung des Stoffhaushaltes der Atmosphäre; dabei wird der Anstieg der CO2-Konzentration besonders hervorgehoben.«

Faktencheck:

Das BVerfG suggeriert, dass die Geschwindigkeit des aktuell zu beobachtenden Klimawandels im Vergleich zur vorindustriellen Phase außergewöhnlich wäre. Dabei handelt es sich jedoch um eine Fehlannahme. Der Heidelberger Paläoklimatologe Augusto Mangini bekräftigte in einem *FAZ*-Beitrag von 2007, dass es auch in vorindustrieller Zeit einen intensiven Klimawandel gegeben hat:[50]

»[Es ist] falsch zu behaupten, dass die jetzige Erwärmung sehr viel schneller abläuft als frühere Erwärmungen. Tatsache ist, dass es während der letzten zehntausend Jahre erhebliche globale und vor allem genauso schnelle Klimawechsel gegeben hat, die die Menschen sehr stark beeinflussten.«

Angesichts der noch nicht belastbaren globalen vorindustriellen Temperaturkurven für die letzten 2000 und 10 000 Jahre[51; 52] müssen vorerst Einzelrekonstruktionen herangezogen werden. Zu betrachten ist zum Beispiel die Erwärmung im Übergang der Kälteperiode der Völkerwanderungszeit (300–750 n. Chr.) zur Mittelalterlichen Wärmeperiode (800–1300 n. Chr.). In der Eifel stiegen damals die Temperaturen innerhalb von 400 Jahren um 4 °C,[53] was einer Rate von 1 °C pro Jahrhundert entspricht, also ziemlich genau der heutigen Rate. Dies gilt allerdings nur für die geglättete Temperaturentwicklung. Wenn man die ungefilterten Originaldaten verwendet, erkennt man Temperatursprünge von bis zu 7 °C innerhalb weniger Jahrzehnte.

Ähnlich sieht es in der österreichischen Spannagelhöhle in den österreichischen Zentralalpen aus. Dort stiegen die Temperaturen zwischen 750 und 850 n. Chr. um 2 °C an.[54] Rasche Erwärmungsphasen gab es damals auch auf anderen Kontinenten. So schnellten in den Seen des ostafrikanischen Riftgrabens die Temperaturen innerhalb von nur 100 Jahren um 1,5 °C in die Höhe.[55;56] Ein chilenischer See in Patagonien erwärmte sich sogar um 4 °C innerhalb eines Jahrhunderts.[57] Es gibt eine Vielzahl von weiteren Beispielen von allen sieben Kontinenten. All diese vorindustriellen natürlichen Klimaschwankungen ereigneten sich bei nahezu konstanter CO_2-Konzentration in der Atmosphäre während der vergangenen 10 000 vorindustriellen Jahre. Es muss also natürliche Klimafaktoren gegeben haben, die in vorindustrieller Zeit regelmäßig klimatische Veränderungen in ähnlicher Größenordnung hervorgerufen haben wie der heutige Klimawandel. Da davon auszugehen ist, dass diese natürlichen Klimafaktoren nicht einfach zu Beginn der Industrialisierung um 1850 aufhörten zu wirken, sollten sie auch im heutigen Klimawandel eine gewisse Rolle spielen.

Die Einlassung des BVerfG, dass die Erwärmung der letzten 150 Jahre im Wesentlichen auf anthropogenen CO_2-Emissionen beruht, spiegelt zwar die aktuelle Meinung des IPCC wider. Allerdings stützt sich der IPCC bei seiner Aussage auf Klimamodelle, die die vorindustriellen Erwärmungsphasen nicht reproduzieren können, da sie von vorneherein nur minimale natürliche Klimaantriebe berücksichtigen.

Um die Verlässlichkeit der Simulationen zu gewährleisten, müssen die entsprechenden Klimamodelle zunächst an der bekannten Klimaentwicklung geeicht werden. Die Modelle müssen in einer sogenannten Rückwärtsmodellierung (englisch: Hindcast, History Match) zeigen, dass sie die gemessene bzw. paläoklimatologisch rekonstruierte Temperaturgeschichte reproduzieren können. Während die Erwärmung der letzten 150 Jahre von den Modellen in der Regel ohne größere Probleme dargestellt werden kann, können die Klimamodelle die aus geologischen Rekonstruktionen gut belegte Wärme der Mittelalterlichen Wärmeperiode nicht zufriedenstellend reproduzieren.

Der IPCC räumt den Missstand unumwunden in seinem 5. Klimazustandsbericht ein,[58] und etliche Fachpublikationen thematisierten die unbefriedigende Diskrepanz zwischen Realität und Simulationsergebnis bereits.[59; 60; 61; 62] Insofern ist die Kalibrierung der Klimamodelle an der bekannten vorindustriellen Klimageschichte der vergangenen 2000 oder 10 000 Jahre gescheitert.

Entsprechend den gängigen Regeln des Modellierungswesens sollten nichtkalibrierte Modelle nicht für Zukunfts-Projektionen eingesetzt werden. Aber genau dies tun der IPCC und das BVerfG, weil die zukünftig zu erwartende Erwärmung und das CO_2-Restbudget auf Basis dieser nichtkalibrierten Klimamodelle ermittelt wurden. Eine erfolgreiche Kalibrierung der Klimamodelle an den Wärmeperioden der vorindustriellen Vergangenheit würde die Wirksamkeit natürlicher Klimafaktoren in den Modellen deutlich erhöhen. Dies würde auch zu einer Neubewertung der »Attribution« des modernen Klimawandels führen, möglicherweise zurück zur ursprünglichen Sichtweise des IPCC, dass natürliche Klimafaktoren bis zur knappen Hälfte der beobachteten Erwärmung der vergangenen 150 Jahre verursacht haben könnten.

4. Einflussgrößen für zukünftige Erwärmung

Das Bundesverfassungsgericht schreibt (Rn. 19, Seite 25):

»Bis zu welcher Höhe und mit welcher Geschwindigkeit die Temperatur weiter ansteigt, **hängt vom Anteil der Treibhausgase in der Atmosphäre** und damit maßgeblich vom Umfang der anthropogen emittierten Treibhausgase ab, insbesondere vom CO2-Ausstoß (IPCC, a.a.O., S. 17 f., 26). Denn **zwischen der Gesamtmenge an emittierten klimawirksamen Treibhausgasen und dem Anstieg der mittleren Oberflächentemperatur besteht eine annähernd lineare Beziehung** (SRU, Demokratisch regieren in ökologischen Grenzen – Zur Legitimation von Umweltpolitik, Sondergutachten, 2019, S. 36). **Ohne zusätzliche Maßnahmen** zur Bekämpfung des Klimawandels gilt derzeit ein **globaler Temperaturanstieg um mehr als 3 °C bis zum Jahr 2100** als wahrscheinlich (BMU, Klimaschutz in Zahlen, Ausgabe 2019, S. 6 f.).«

Faktencheck:

Die zukünftige Erwärmung hängt nicht nur von der Treibhausgaskonzentration der Atmosphäre ab, wie es das BVerfG behauptet, sondern auch von der Höhe der CO_2-Klimasensitivität, also der genauen Stärke der CO_2-Erwärmungswirkung. Der IPCC ist sich noch immer nicht sicher, wie stark das CO_2 nun wirklich erwärmt (siehe Kommentierung unter »2. Die Unsicherheitsspanne der CO_2-Erwärmungswirkung« zu Rn. 17). Pro CO_2-Verdopplung könnte die Erwärmung laut IPCC 1,5 °C betragen, aber auch bis zu 4,5 °C, also das Dreifache. Dies entspricht einer sehr großen Unsicherheitsspanne, die der IPCC seit seinem ersten Klimazustandsbericht 1990 nahezu unverändert anführt. Trotz größter Forschungsanstrengungen in den letzten drei Jahrzehnten konnte diese Unsicherheit nicht verringert werden.

In der Öffentlichkeit ist kaum bekannt, wie rudimentär unser Wissen in diesem Punkt ist, da in den Medien meist nur ein wenig aussagekräftiger theoretischer Mittelwert angegeben wird, der im 4. IPCC-Bericht von 2007 3,0 °C betrug. Im darauffolgenden Bericht von 2013 konnten sich die IPCC-Experten jedoch nicht einmal mehr einigen, welchen Mittelwert sie ansetzen sollten. Allerdings schaffte es diese wichtige Information nur ins Kleingedruckte. Mit Lupe ausgestattete politische Entscheider konnten auf Seite 14 ihrer deutschsprachigen Zusammenfassung lesen:[63]

»Aufgrund fehlender Übereinstimmung der Werte aus den beurteilten Anhaltspunkten und Studien kann kein bester Schätzwert für die Gleichgewichts-Klimasensitivität angegeben werden.«

Die Höhe der CO_2-Klimasensitivität ist jedoch für politische Planungen die alles entscheidende Größe, denn die Klimarisiken steigen exponentiell zur Klimasensitivität. Befände sich der wahre

Wert am unteren Ende der IPCC-Unsicherheitsspanne bei 1,5 °C – und hierauf deutet vieles hin –, so wären die Klimafolgen eher moderat und leicht beherrschbar.[64; 65] Bei einem Wert von 4,5 °C hingegen wären katastrophale Klimafolgen zu befürchten.

Das Aussparen der CO_2-Klimasensitivität als wichtige Einflussgröße bei der zukünftigen Erwärmung scheint Teil einer weitverbreiteten öffentlichen Kommunikationsstrategie zu sein. So suggerierte der Klimaforscher Mojib Latif, Professor am Helmholtz-Zentrum für Ozeanforschung Kiel (Geomar), in einem Interview 2018 mit dem Deutschlandfunk, dass die Unterschiede in den Temperaturprognosen bis 2100 überwiegend an den CO_2-Emissionsszenarien hängen würden, wobei er den Zuhörern die mindestens ebenso großen Unsicherheiten in der CO_2-Klimasensitivität glatt verschwieg.[66] Ähnliche Lücken weist auch ein vom Deutschen Klimakonsortium (DKK) in Zusammenarbeit mit Klimaaktivisten des WWF 2015 erstellter kostenloser Online-Kurs zum Klimawandel auf.[67] In Kapitel 2 schiebt der Hamburger Klimamodellierer Jochem Marotzke die gesamte Ungenauigkeit der Klimaprognosen irreführenderweise auf die zukünftige CO_2-Entwicklung. Das BVerfG hätte diesen fragwürdigen Beispielen nicht folgen dürfen und stattdessen wissenschaftlich korrekt alle wichtigen Einflussgrößen für die Entwicklung zukünftiger Erwärmung nennen müssen.

Eine angeblich »annähernd lineare Beziehung«

Das BVerfG behauptet, dass »zwischen der Gesamtmenge an emittierten klimawirksamen Treibhausgasen und dem Anstieg der mittleren Oberflächentemperatur [...] eine annähernd lineare Beziehung« bestünde. Dies entspricht nicht den Tatsachen. Der Zusammenhang zwischen der atmosphärischen CO_2-Konzentration und der Erwärmung ist nicht »annähernd linear«, sondern in Wirklichkeit logarithmisch. Es ist jeweils eine Verdopplung des CO_2-Gehalts notwendig, um einen bestimmten gleichen Erwärmungsbetrag zu generieren. Laut 5. Klimazustandsbericht des IPCC liegt dieser Wert irgendwo in der Unsicherheitsspanne von 1,5–4,5 °C. Anders ausgedrückt: Jedes dazukommende CO_2-Molekül in der Atmosphäre erwärmt das Klima ein kleines bisschen weniger stark als seine Vorgänger. Die fehlerhafte Darstellung dieses in den Klimawissenschaften allgemein anerkannten Zusammenhangs lässt auf ein generelles Problem bei der fachlichen Qualitätssicherung der Beschlussbegründung schließen.

Die Namen und Qualifikationen der den Verfassungsrichtern zuarbeitenden Mitarbeiter wurden nicht veröffentlicht, genauso wenig, welche externen Berater möglicherweise hinzugezogen wurden. Es drängt sich der Verdacht auf, dass große Teile der Beschlussbegründung aus den Dokumenten der Klägerseite gewonnen wurden,[68] ohne die Sichtweise kritischer Wissenschaftler zu berücksichtigen. Dafür spricht auch, dass das BVerfG vielfach das populärwissenschaftliche Buch »Der Klimawandel« der beiden selbstbekennenden klimaaktivistischen Forscher Stefan Rahmstorf und Hans Joachim Schellnhuber zitiert.[2] Im Gegensatz zu wissenschaftlichen Fachpublikationen durchlief das zuerst 2008 erschienene Buch keinen formalen Begutachtungsprozess. Im Sinne der Ausgewogenheit wäre es daher für das BVerfG angezeigt gewesen, auch Bücher von Wissenschaftlern bei der Recherche heranzuziehen, die dem Gedanken der Klimakatastrophe eher kritisch gegenüberstehen. Hier hätte sich beispielsweise unser aktuelles Buch »Unerwünschte Wahrheiten: Was Sie über den Klimawandel wissen sollten« angeboten.[69] Das im September 2020 erschienene Buch fasst die wichtigsten Punkte der Kritikerseite der Klimadebatte zusammen, die jedoch dem BVerfG offenbar gar nicht bekannt waren.

Globaler Temperaturanstieg bis zum Jahr 2100

Schließlich erklärt das BVerfG, dass ohne zusätzliche Maßnahmen zur Bekämpfung des Klimawandels ein globaler Temperaturanstieg um mehr als 3 °C bis zum Jahr 2100 anzunehmen sei. Auch hier fehlt wieder jeglicher Bezug zur CO_2-Klimasensitivität. Eine ausgewogene Darstellung hätte hier die Unsicherheitsspanne der Erwärmung für die ganze Bandbreite der möglichen CO_2-Klimasensitivitäten dokumentiert. Dies wäre insbesondere notwendig gewesen, da ernst zu nehmende Wissenschaftlergruppen eine CO_2-Klimasensitivität in der unteren Hälfte oder sogar im unteren Drittel der IPCC-Spanne für möglich halten (siehe Kommentierungen unter »2. Die Unsicherheitsspanne der CO_2-Erwärmungswirkung« zu Rn. 17 und unter »8. Die zu erwartende Erwärmung bis 2100« zu Rn. 22).

5. Die thermohaline Zirkulation des Nordatlantiks

Das Bundesverfassungsgericht schreibt (Rn. 20-1, Seite 26):

»Zudem gibt es Hinweise darauf, dass infolge des Abschmelzens des Grönländischen Eisschildes und anderer Frischwassereinträge in den Nordatlantik die **thermohaline Zirkulation des Nordatlantiks (atlantische Umwälzbewegung) an Stärke verliert.** Eine starke Abschwächung hätte unter anderem große Auswirkungen auf die Wettersysteme in Europa und Nordamerika. Der Nordatlantikraum würde sich rasch um mehrere Grad abkühlen. Die Südhalbkugel würde sich umso stärker erwärmen. Als weitere **Auswirkungen werden für Nordeuropa eine Zunahme an Winterstürmen, Niederschlägen und Überschwemmungen, für Südeuropa eine Abnahme der Niederschläge erwartet. Für die Sahelzone würden ein Rückgang von Niederschlägen und damit verbundene Dürren erwartet.«**

Faktencheck:

Das BVerfG warnt davor, dass die thermohaline Zirkulation des Nordatlantiks (ein Teil des Golfstroms) wegen des Klimawandels an Stärke verliert und die Wettersysteme in Europa und Nordamerika in Mitleidenschaft ziehen könnte. Allerdings versäumt es das BVerfG zu erwähnen, dass es sich um die Ansicht einer kleineren Gruppe von Wissenschaftlern um Stefan Rahmstorf vom Potsdamer PIK handelt, die von vielen anderen Fachkollegen keinesfalls geteilt wird. So hält das Deutsche Klimakonsortium (DKK) Rahmstorfs Behauptung einer beispiellosen Verlangsamung des Golfstroms für haltlos. Auf seiner Webseite[70] zu einer Golfstrom-Broschüre[71] stellte das DKK 2017 fest:

»Eine wissenschaftlich gesicherte Auskunft über einen langfristigen Abschwächungstrend seit 1900 kann es nicht geben, da nicht ausreichend Beobachtungsdaten verfügbar sind. In den vergangenen 20 Jahren haben die Forscherinnen und Forscher den Ozean dank moderner Methoden und Technologien deutlich genauer analysieren können. Diese Zeitspanne reicht jedoch nicht, um Klimatrends abzuleiten. Vielmehr haben sie festgestellt, dass die Golfstromzirkulation in den vergangenen 20 Jahren recht stabil war und viele natürliche Schwankungen zeigte. Diese natürliche Variabilität macht es noch schwerer, den möglicherweise schon vorhandenen menschlichen Einfluss auf die Golfstromzirkulation nachzuweisen.«

Eine Mehrheit der internationalen Forscherguppen teilt diese Ansicht, darunter die NASA, die Universität Bergen und die australische James Cook University. Offenbar hat die Potsdamer Gruppe die starke natürliche Variabilität des Golfstroms (im Fachjargon: Atlantic Meridional Overturning Circulation, AMOC) fälschlicherweise als Langzeittrend interpretiert.[72; 73; 74; 75; 76; 77; 78; 79; 80; 81; 82] Dabei ist seit längerem bekannt, dass der Ozeanzyklus der Nordatlantischen Oszillation (NAO)[83; 84; 85; 86; 87], ein 70-jähriger Zyklus[88] sowie Veränderungen der Sonnenaktivität[89; 90] einen bedeutenden Einfluss auf den Golfstrom ausüben. *Der Spiegel* ließ 2015 weitere Kritiker zu Wort kommen:[91]

»Klimaforscher Martin Visbeck vom Helmholtz-Zentrum für Ozeanforschung Kiel (Geomar) zieht gleich Rahmstorfs gesamte Deutung der Ergebnisse in Zweifel: [...] Die Arbeit [...] biete keine starken Hinweise auf die Entwicklung der AMOC während der vergangenen 50 Jahre. Die meisten Studien gingen gar von einem Erstarken der Strömung aus. Auch Michael Hofstätter von der Zentralanstalt für Meteorologie und Geodynamik (ZAMG) in Wien bewertet die Rahmstorf-Studie skeptisch. Die Temperaturschwankungen könnten auch eine ›vorübergehende natürliche Variation‹ sein, sagte Hofstätter dem Onlinedienst des ORF. Die Messungen deckten einen zu kurzen Zeitraum ab, um konkrete Vorhersagen zu treffen.«

Die Welt berichtete 2017:[92]

»Bereits seit den 40er-Jahren werden Tiefentemperaturen im Nordatlantik gemessen«, berichtet Professorin Monika Rhein von der Universität Bremen. Diese Temperaturen sind ein indirekter Hinweis auf die Stärke des Golfstroms. ›Diese Messdaten zeigen starke Schwankungen, aber keinen Trend in irgendeine Richtung‹, bilanziert die Ozeanografin die langen Messreihen. Eine Abnahme des Golfstroms ist also bislang nicht festzustellen.«

Hätte das BVerfG das Thema ausführlich und ausgewogen recherchiert, wäre es zu einer gänzlich anderen Aussage zum Golfstrom-System gekommen. Trotz bedeutender bisheriger Klimaerwärmung ist laut der Mehrheit der Klimawissenschaftler bisher keine langfristige Abschwächung des Golfstromsystems erkennbar. Insofern handelt es sich hier bei der vom BVerfG dargestellten Golfstromhypothese ebenso wie bei den Klimaauswirkungen bei Winterstürmen, Niederschlägen, Überschwemmungen und Dürren um reine Spekulation einer Minderheit der Forscher. Diese hätte das BVerfG als solche kenntlich machen müssen. Der Großteil der Fachwelt sieht momentan keine Folgen für die thermohaline Zirkulation im Nordatlantik. Es ist unklar, wie das BVerfG trotz Recherche den in der Fachwelt andauernden Disput übersehen konnte, zumal er sogar in den deutschsprachigen Medien thematisiert wurde. Eine direkte Übernahme der Argumentation aus den Schriften der Klägerseite ist unzulässig. Ein Vergleich der Verfassungsbeschwerde der Neubauer-Gruppe mit der Beschlussbegründung durch das BVerfG ergibt eine Vielzahl von Gemeinsamkeiten bei Themen und Argumentationsmustern.[1; 68] So stützt sich die Neubauer-Gruppe oftmals auf Aussagen des Potsdam-Instituts für Klimafolgenforschung (PIK), dessen Themen oftmals in der Fachwelt kritisiert werden.[69] Es ist nicht akzeptabel, dass sich das BVerfG auf eine Minderheitenhypothese in der Klimawissenschaft für einen weitreichenden Beschluss stützt.

6. Der Jetstream

Das Bundesverfassungsgericht schreibt (Rn. 20-2, Seite 26):

»**Auswirkungen hat der klimawandelbedingte Temperaturanstieg auch auf Lage und Stärke des Jetstreams** und damit auf die globalen Windsysteme, was zu außergewöhnlich lang andauernden Groß- und Extremwetterlagen wie Starkniederschlägen, Überschwemmungen, Wirbelstürmen, Hitzewellen und Dürren führen kann (Rahmstorf/Schellnhuber, a.a.O., S. 68 ff., 72; SRU, a.a.O., S. 38 f.).«

Faktencheck:

In 8–12 km Höhe befindet sich in mittleren Breiten der Jetstream, der als Starkwind rund um den Globus von Westen nach Osten weht. Der Jetstream trennt die kalten polaren Luftmassen im Norden von den warmen subtropischen Luftmassen im Süden und ist maßgeblich für die Verlagerung von Tief- und Hochdruckgebieten verantwortlich. Der Verlauf des Jetstreams ist wellenförmig mit großen Einbeulungen nach Norden und Süden, wobei sich die Lage und Ausbildung der Mäander langsam ändert.

Das BVerfG behauptet, dass der klimawandelbedingte Temperaturanstieg die Lage und Stärke des Jetstreams beeinflusst und zu mehr Extremwetter führen würde. Die Aussage ist nicht einmal im Konjunktiv formuliert. Auch in diesem Fall handelt es sich um die

Meinung einer kleineren Gruppe von Klimawissenschaftlern, darunter auch Stefan Rahmstorf vom Potsdamer PIK-Institut. Sie warnten 2017 davor, dass die Jetstreamwellen im Zuge des Klimawandels ins Stocken geraten könnten.[93] Dadurch würde der Wechsel zwischen Tief- und Hochdruckgebieten verhindert und es würden Wetterextreme im Zuge blockierter Wetterlagen länger an einer Stelle verharren. Untermauert wird die Hypothese mit einem Vergleich von Klimasimulationen und Beobachtungen.

Allerdings widerspricht der Großteil der Fachkollegen diesem pessimistischen Szenario. Eine Zunahme blockierter Wetterlagen konnten sie trotz sorgfältiger Auswertung der Daten bislang nicht feststellen.[94] Zudem kommen die meisten Simulationen zu dem Schluss, dass Blockierungen im Zuge einer Klimaerwärmung eher seltener werden, also sogar weniger Extremwetter zu befürchten wäre.[95; 96; 97; 98] Andere Klimamodelle zeigen an, dass sich der Jetstream wohl auch in Zukunft wie gehabt hin- und herwinden wird,[99; 100] bzw. Veränderungen regional sehr unterschiedlich ausfallen.[101; 102] In den kommenden Jahrzehnten wird wohl eher die natürliche Variabilität den Jetstream dominieren,[96] so wie bereits in der Vergangenheit.[94]

Eine Forscherguppe der ETH Zürich und MeteoSwiss überprüfte 2020 die Behauptung der Potsdamer Kollegen für Mitteleuropa anhand einer ganzen Reihe von Klimamodellen, wobei die Simulationen den Zeitraum bis zum Ende des Jahrhunderts abdeckten.[103] Das Ergebnis fiel deutlich aus. Die schweizerischen Modellierungsexperten konnten die alarmierenden Potsdamer Vorstellungen nicht bestätigen. In ihren Modellen fanden die Schweizer lediglich geringe Veränderungen bei den blockierten Wetterlagen, die sich im Rahmen der natürlichen Variabilität abspielten. Zum Teil widersprachen sich die Modellierungsergebnisse sogar, sodass sie wenig verlässlich sind.

Ein Trend zu extremeren Wetterlagen durch vermehrte Blockaden ist daher in Mitteleuropa auch in Zukunft nicht zu befürchten. Die seinerzeit medial weit verbreitete und vom BVerfG angeführte Potsdamer Gefahrensichtweise gilt damit als widerlegt. Wiederum zeichnet das BVerfG ein vollkommen verzerrtes Bild des wissenschaftlichen Kenntnisstandes mit einer fragwürdigen Überhöhung der Potsdamer Sichtweise unter Ausklammerung des Großteils anderer Forschungsergebnisse zum Thema. Die einseitig verengte Sichtweise ist so frappierend, dass man die Frage stellen muss: Warum macht ein BVerfG so etwas?

7. Die Kipppunkte

Das Bundesverfassungsgericht schreibt (Rn. 21, Seiten 26+27):

»Als eine **besondere Gefahr** für die ökologische Stabilität werden sogenannte **Kipppunktprozesse** im Klimasystem angesehen, weil diese weitreichende Umweltauswirkungen haben können. Kippelemente **sind** Teile des Erdsystems, die eine besondere Bedeutung für das globale Klima **haben** und die sich bei zunehmender Belastung abrupt und oft irreversibel **verändern**. Beispiele sind die **Permafrostböden in Sibirien und Nordamerika, die Eismassen in den polaren Zonen, der Amazonasregenwald und bedeutende Luft- und Meeresströmungssysteme**. Geringe Veränderungen eines für sie relevanten Umweltparameters – wie zum Beispiel das Überschreiten einer bestimmten Temperaturschwelle – **können diese Kippelemente in einen qualitativ anderen Zustand überführen**, wenn der Wert des Parameters bereits in der Nähe eines kritischen Punktes, dem Kipppunkt, liegt. Zwischen den Kippelementen können auch Wechselwirkungen bestehen. So könnte beispielsweise ein Abschmelzen des Grönlandeises die atlantische Zirkulation verändern, was wiederum zur Destabilisierung von Eis in der Antarktis führen könnte. Ein kaskadenartiger Wandel des Erdsystems durch eine Reihe solcher Wechselwirkungen wird nicht ausgeschlossen, gilt derzeit allerdings noch als wenig erforscht.«

Faktencheck:

Das Konzept der klimatischen Kipppunkte wurde um das Jahr 2000 von Hans Joachim Schellnhuber vom Potsdamer PIK-Institut in die Debatte eingeführt.[104] Laut dieser Hypothese könnte das Klimasystem in verschiedenen Bereichen einen kritischen Zustand erreichen, bei dem es schlagartig und irreversibel »umzukippen« droht, also ohne Chance, in den Ausgangszustand zurückkehren zu können.

Einer Vielzahl von Fachkollegen geht die Dramatik der Kipppunkte zu weit, darunter James Annan, Experte für Klimaprognosen. Er lehnt das Konzept abrupter Klimaveränderungen rundum ab und geht eher von kumulativen Effekten aus.[105] Auch der renommierte Klimawissenschaftler Mike Hulme von der University of Cambridge warnte in einem im Oktober 2019 im Fachblatt *WIREs Climate Change* erschienenen Leitartikel vor Klimapanikmache und legt seinen Kollegen nahe, auf Kampagnen auf Basis von destruktivem »Deadline-ism« und »Too-lateness« in Zukunft zu verzichten.[106] Ähnlich sieht es Hulmes Kollege Myles Allen von der University of Oxford, der in einem Meinungsbeitrag auf der Webseite der Universität schreibt:[107]

»Hört bitte auf zu sagen, dass im Jahr 2030 eine globale Katastrophe eintritt. Die Klimaentwicklung ist zwar bedenklich und jedes halbe Grad Erwärmung zählt. Aber der IPCC hat keine ›planetare Grenze‹ bei 1,5 °C gezogen, jenseits derer ›Klimadrachen‹ auf uns warten würden.«

In einem Interview mit der *FAZ* wurde der Hamburger Klimaforscher Jochem Marotzke gefragt, welcher Kipppunkt ihm am meisten Sorge bereite.[108] Marotzke antwortete: »Keiner.«

Erneut präsentiert das BVerfG eine vor allem vom PIK unterstützte Hypothese als angebliche Konsens-Meinung der Klimawissenschaften. Dabei hätte ein einziger Blick in den 5. Klimazustandsbericht des IPCC gereicht, um die Abweichung zum dort dokumentierten Kenntnisstand zu erkennen. Auf Seite 129 des Kapitels 1 der Arbeitsgruppe 1 heißt es dort (aus dem Englischen übersetzt):[109]

»Eine geringe Anzahl von Studien findet auf Basis vereinfachter Modelle Hinweise auf globale Kipppunkte (z. B. Lenton et al. 2008). Jedoch gibt es in den viel umfassenderen Modellen keinerlei Anzeichen im 21. Jahrhundert für derartige globale Kipppunkte.«

In Kapitel 12 desselben Berichts zeigt der IPCC auf Seite 1115 in Tabelle 12.4 eine Einschätzung für neun unterschiedliche Kipppunkt-Typen, mit einer Wahrscheinlichkeit für ein abruptes Kippen im 21. Jahrhundert. Die meisten Kipppunkte werden vom IPCC als »sehr unwahrscheinlich« (»very unlikely«) eingestuft oder mit einem »geringen Vertrauen« (»low confidence«) gekennzeichnet (Abb. 1, die Kennzeichnungen sind rot unterstrichen).

Das BVerfG führt in seinem Text vier Beispiele für Kipppunkte auf:

Permafrostböden in Sibirien und Nordamerika

2018 bestätigten Forscher der Universität Alaska, dass die Permafrostregion als CO_2-Senke agieren könnte, und selbst bei weiter ansteigenden Temperaturen (selbst unter dem höchst unwahrscheinlichen Szenario RCP8.5, einem der vier Szenarien, die im 5. Sachstandsbericht des IPCC entsprechend dem angenommenen Bereich des Strahlungsantriebs im Jahre 2100, in diesem Fall 8,5 W/m^2, ausgewiesen werden) nicht vor 2100 zu einer zusätzlichen Quelle von CO_2 oder Methan werden könnte. Bei dem eher wahrscheinlichen Szenario RCP 4.5 wird die Permafrostregion bis zum Jahre 2299 mehr Kohlenstoff aufnehmen als abgeben.[10] Da bleibt von einem Kipppunkt nicht viel übrig. Selbst der Fall, dass ein abruptes Auftauen auftreten könnte, etwa durch Zusammenbrüche der Oberfläche, Erosion oder Erdrutsche, wurde Anfang 2020 untersucht.[11] Aber auch ein solcher Fall würde nur in dem unwahrscheinlichen Fall des Szenarios RCP8.5 zu höheren CO_2- und Methanemissionen führen: im Jahre 2300.

Long-term Climate Change: Projections, Commitments and Irreversibility Chapter 12

Table 12.4 | Components in the Earth system that have been proposed in the literature as potentially being susceptible to abrupt or irreversible change. Column 2 defines whether or not a potential change can be considered to be abrupt under the AR5 definition. Column 3 states whether or not the process is irreversible in the context of abrupt change, and also gives the typical recovery time scales. Column 4 provides an assessment, if possible, of the likelihood of occurrence of abrupt change in the 21st century for the respective components or phenomena within the Earth system, for the scenarios considered in this chapter.

Change in climate system component	Potentially abrupt (AR5 definition)	Irreversibility if forcing reversed	Projected likelihood of 21st century change in scenarios considered
Atlantic MOC collapse	Yes	Unknown	*Very unlikely* that the AMOC will undergo a rapid transition (*high confidence*)
Ice sheet collapse	No	Irreversible for millennia	*Exceptionally unlikely* that either Greenland or West Antarctic Ice sheets will suffer near-complete disintegration (*high confidence*)
Permafrost carbon release	No	Irreversible for millennia	Possible that permafrost will become a net source of atmospheric greenhouse gases (*low confidence*)
Clathrate methane release	Yes	Irreversible for millennia	*Very unlikely* that methane from clathrates will undergo catastrophic release (*high confidence*)
Tropical forests dieback	Yes	Reversible within centuries	*Low confidence* in projections of the collapse of large areas of tropical forest
Boreal forests dieback	Yes	Reversible within centuries	*Low confidence* in projections of the collapse of large areas of boreal forest
Disappearance of summer Arctic sea ice	Yes	Reversible within years to decades	*Likely* that the Arctic Ocean becomes nearly ice-free in September before mid-century under high forcing scenarios such as RCP8.5 (*medium confidence*)
Long-term droughts	Yes	Reversible within years to decades	*Low confidence* in projections of changes in the frequency and duration of megadroughts
Monsoonal circulation	Yes	Reversible within years to decades	*Low confidence* in projections of a collapse in monsoon circulations

ABB. 1: Tabelle des 5. Klimazustandsberichtes des IPCC[109] zu den Kipppunkten. Rote Unterstreichungen ergänzt.

Eismassen in den polaren Zonen

Ganz offensichtlich ist dem BVerfG nicht bewusst, dass es in der Zeit von 10 000 bis 6000 Jahren vor heute in Grönland bereits zwei bis vier Grad wärmer war als aktuell.[110; 111; 112; 113] Das blieb für das Inlandeis nicht ohne Folgen, es schmolz drastisch ab. Die meisten lokalen grönländischen Gletscher (unabhängig vom Inlandeis) waren während des Holozänen Thermischen Maximums (HTM) viel kürzer als heute oder waren sogar ganz verschwunden.[114] Mit einer Zeitverzögerung von mehreren Tausend Jahren schrumpfte das grönländische Inlandeis 5000–3000 Jahre vor heute auf ein Eisvolumen-Minimum, das weit unterhalb des heutigen Wertes lag.[113; 115; 116; 117; 118] Fakt ist, dass Grönland über weite Strecken der letzten 10 000 Jahre wärmer und eisärmer als jetzt war. Insofern ist es abwegig anzunehmen, wir könnten heute kurz vor einem Kipppunkt stehen. Ähnliches gilt für die letzte Zwischeneiszeit vor 120 000 Jahren, als es vier bis acht Grad wärmer war als heute. Auch hiervon erholte sich das Grönlandeis wieder.[119]

Vor etwa 4000 Jahren begann das grönländische Eis wieder zu wachsen, der Beginn der sogenannten Neoglaziation. Die meisten grönländischen Gletscher erreichten ihre größte Länge der letzten 10 000 Jahre während der Kleinen Eiszeit[120] (1300–1850), darunter auch der Jakobshavn Isbræ.[121] Der Rückgang des Jakobshavn Isbræ machte als »Nachweis« der Klimakrise 2020 Schlagzeilen.[122] Das Nordpolarmeer war während Teilen des HTM im Sommer eisfrei.[123; 124; 125; 126] Auch in der Mittelalterlichen Wärmeperiode schrumpften die grönländischen Gletscher[127] und das arktische Meereis,[128] ausgelöst durch milde Temperaturen auf ähnlich hohem Niveau wie heute.[129; 130; 131]

Laut neuen hochauflösenden Klimamodellen niederländischer Forscher beträgt die Eisschmelze an den Küsten der Antarktis bis 2100 nur ein Drittel von dem, was frühere, geringer auflösende Simulationen suggeriert hatten.[132] Und weil im neuen Modell zusätzlich auch mehr Schneefall in der Antarktis zu erwarten ist, wird die antarktische Eismasse in diesem Jahrhundert voraussichtlich sogar insgesamt unverändert und stabil bleiben. Insofern wird die Antarktis bis 2100 wohl laut den neuen Berechnungen überhaupt keinen Beitrag zum globalen Meeresspiegel-Anstieg beisteuern. Hierdurch verringert sich der in diesem Jahrhundert zu erwartende Anstieg des Meeresspiegels um 25 Prozent. Während das alte Modell von einer Erhöhung des Meeresspiegels von etwa 42 cm ausging, sind es jetzt nur noch 33 cm, also 9 cm weniger. Ein Wert, der von den dramatischen Szenarien des Potsdam-Instituts für Klimafolgenforschung von bis zu 1,90 m weit entfernt ist.

Amazonasregenwald

Eine britische Forschergruppe hat die Auswirkungen des Klimawandels auf den Regenwald bis 2100 theoretisch simuliert und konnte keinen Biomasseverlust geschweige denn einen Kipppunkt feststellen.[133; 134] Der Amazonas zeigt sich gegenüber dem Klimawandel unerwartet robust[135; 136; 137] und wird wohl auch in den kommenden Jahrzehnten eine verlässliche Kohlenstoffsenke bilden, unter anderem, weil mehr CO_2 das Wachstum ankurbelt.[138; 139; 140; 141] Zudem hat sich die Zusammensetzung des Regenwaldes trotz jahrtausendelanger Trockenheit während des Holozänen Thermischen Maximums (HTM, 8500–5500 Jahre vor heute) sowie ausgedehnter Wärmephasen der letzten 10 Millionen Jahre kaum verändert.[142; 143] Ein massenhaftes Artensterben durch den Klimawandel ist daher auch in Zukunft unwahrscheinlich.[143] Eine größere Bedrohung für die Artenvielfalt in den tropischen Regenwäldern sind der Bau von Staudämmen,[144] die sich weiter steigernde Zerstörungsrate durch Abholzung sowie andere nichtklimatische Faktoren.[145; 146; 147; 148] Das Konzept von Kipppunkten in der terrestrischen Biosphäre wird von vielen Forschern generell abgelehnt.[149]

Bedeutende Luft- und Meeresströmungssysteme

Sowohl Golfstrom-System (siehe Kommentierung unter »7. Die Kipppunkte« zu Rn. 21), also auch Jetstream (siehe Kommentierung unter »6. Der Jetstream« zu Rn. 20-2) bewegen sich trotz Klimaerwärmung der letzten 150 Jahre noch voll und ganz im Bereich der natürlichen Klimavariabilität.

Fazit: Das BVerfG stellt sich mit seiner einseitigen und dramatisierenden Darstellung gegen die Ansicht der meisten Fachwissenschaftler und gibt eine stark verzerrte Sichtweise aus Potsdamer Perspektive wieder. Es ist nicht zu erkennen, dass das BVerfG hier eine gebotene Abwägung vorgenommen hätte. Vielmehr wird vermutlich die Sichtweise der Klägerseite als vermeintlich gesichertes Wissen fehlinterpretiert.

8. Die zu erwartende Erwärmung bis 2100

Das Bundesverfassungsgericht schreibt (Rn. 22, Seite 27):

»Bei einem **globalen Temperaturanstieg um mehr als 3 °C bis zum Jahr 2100, der ohne zusätzliche Maßnahmen zur Bekämpfung des Klimawandels als wahrscheinlich gilt**, werden drastische Folgen der Erderwärmung und des Klimawandels erwartet.«

Faktencheck:

Die genannten 3 °C beziehen sich auf die Gesamterwärmung, ausgehend vom Ende der Kleinen Eiszeit 1850–1900 zu Beginn der Industrialisierung. Das BVerfG verweist dabei auf eine Broschüre des Bundesministeriums für Umwelt, Naturschutz und nukleare Sicherheit (BMU) von 2019 (Abb. 2).[150]

Die Angabe von zukünftigen Erwärmungsbeträgen sollte jedoch stets unter Angabe des »Fehlerbalkens« bzw. der verbleibenden Unsicherheiten erfolgen. Dies ist in der Wissenschaft üblich. In

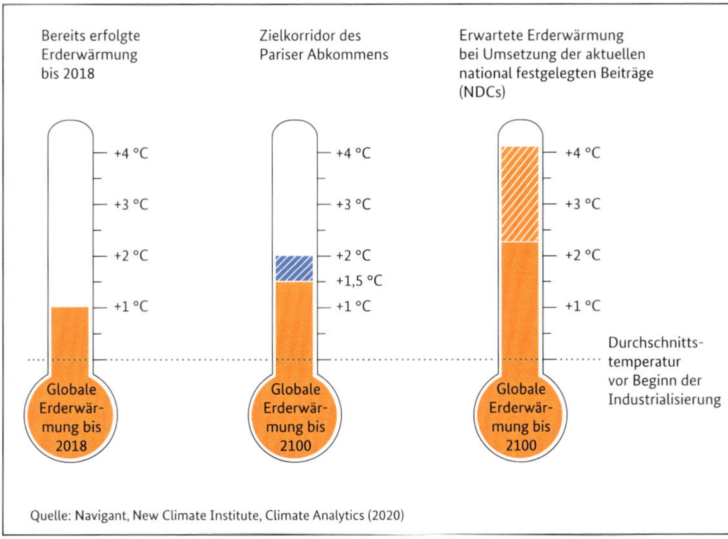

ABB. 2: Temperaturprojektionen bis 2100 aus einer Broschüre des BMU (2019).[150]

diesem Fall ist die große Unsicherheit bei der CO_2-Klimasensitivität einzuarbeiten, die laut AR5-Bericht des IPCC zwischen 1,5 und 4,5 °C pro CO_2-Verdopplung liegt (siehe Kommentierung unter »4. Einflussgrößen für zukünftige Erwärmung« zu Rn. 19). Hierbei handelt es sich um die Gleichgewichts-Klimasensitivität (englisch: Equilibrium Climate Sensitivity, ECS). Allerdings dauert es mehrere Jahrhunderte, bis die stärkere Erwärmung gemäß ECS durch Einstellung des thermischen Gleichgewichts erreicht wird.[151] Relevanter für die Betrachtung des 21. Jahrhunderts ist die kurzfristige Erwärmungswirkung, die Transient Climate Response (TCR).[152; 151]

Die wissenschaftliche Debatte zur TCR läuft analog zur ECS ab. Laut 5. Klimazustandsbericht liegt die TCR zwischen 1,0 und 2,5 °C Erwärmung pro CO_2-Verdopplung (mittlerer Wert 1,8 °C). Etliche ernst zu nehmende Arbeiten sehen hier jedoch eine Konzentration der wirklichen Werte am unteren Ende der IPCC-Spanne mit TCR-Werten von 1,0–1,3 °C.[20; 23; 24; 31; 35; 153; 154]

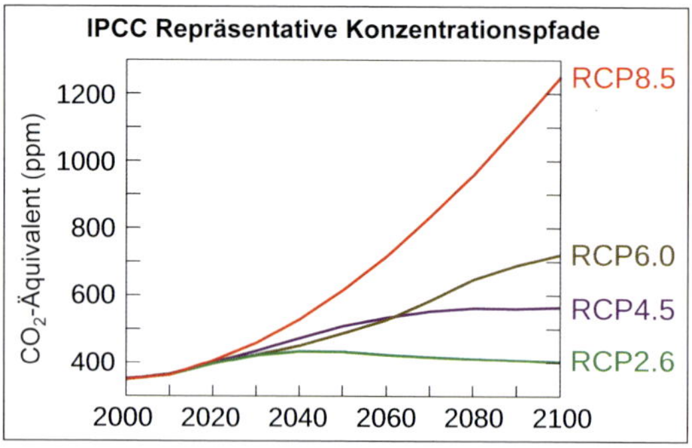

ABB. 3: IPCC RCP-Treibhausgas-Konzentrationspfade. Quelle: Wikipedia[155]

Die momentan plausibelsten Treibhausgas-Konzentrationspfade sind RCP 6.0 und RCP 4.5, während das »worst case«-Szenario RCP 8.5 (irreführenderweise »business-as-usual« genannt) nicht mehr verwendet werden sollte.[156; 157; 158] Beim Szenario RCP 6.0 würde innerhalb des 21. Jahrhunderts eine Verdopplung des CO_2-Gehalts stattfinden (Abb. 3). Es würde praktisch bedeuten, dass keine Minderungserfolge bis 2100 eintreten und der jährliche Zuwachs an CO_2 bei 2,5–3 ppm jährlich anstiege. Gemäß den in der Wissenschaft diskutierten TCR-Werten wäre nach IPCC AR5 dann im 21. Jahrhundert eine zusätzliche Erwärmung von 1,0–2,5 °C zu erwarten. Laut IPCC AR4 hat sich die globale Oberflächentemperatur zwischen 1850 und 2000 um knapp 0,8 °C erhöht (Fehlerbalken: 0,57–0,95 °C für 1850–1899 bis 2001–2005). Bis 2100 kommen dazu noch 0,3 °C langzeitliche Effekte (»committed warming«) hinzu.[20] Bei Berücksichtigung der TCR-Unsicherheitsspanne wäre bis zum Jahr 2100 ab Beginn der Industrialisierung also mit einer Gesamterwärmung von 2,1 – 3,6 °C zu rechnen (Abb. 4). Folgt man der begutachteten Fachliteratur[20; 23; 24; 31; 35; 153; 154] mit ernst zu nehmenden Hinweisen auf eine TCR am unteren Rand der IPCC-Spanne, so bestehen bereits beim RCP 6.0-Szenario gute Chancen, dass das 2-Grad-Ziel innerhalb des 21. Jahrhunderts nicht deutlich überschritten werden würde. Das 1,5-Grad-Ziel würde wohl erst um das Jahr 2050 erreicht, und nicht Anfang der 2030er-Jahre, wie es das BVerfG pauschal behauptet (Abb. 4).

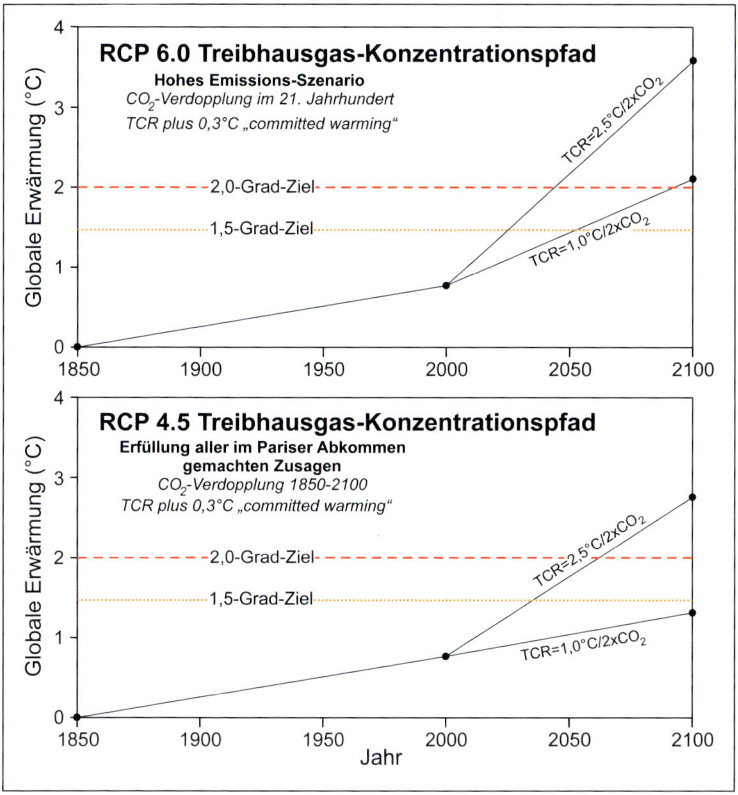

ABB. 4: Schematische Darstellung von Erwärmungs-Projektionen bis 2100, abhängig vom RCP-Treibhausgas-Konzentrationspfad und differenziert nach Unter- und Obergrenze der vom IPCC (AR5) angegebenen Grenzen der möglichen CO_2-Klimasensitivitäten, plus 0,3 °C Langzeiteffekt (»committed warming«). Gesamterwärmung über »vorindustriellem Niveau«.

Eine vollständige Erfüllung aller im Pariser Klimavertrag gemachten Zusagen würde zu einer Entwicklung ähnlich dem RCP 4.5 Treibhausgas-Konzentrationspfad führen.[159] Dort steigt der CO_2-Gehalt bis zum Jahr 2100 auf 550 ppm an (Abb. 3). Die Hälfte davon, 275 ppm, entspricht recht genau der CO_2-Konzentration der vorindustriellen Kleinen Eiszeit (Abb. 5). Die CO_2-Verdopplung benötigt also den gesamten Zeitraum von 1850–2100. Die Gesamterwärmung beträgt ab dem Beginn der

Industrialisierung bis 2100 gemäß der TCR-Spanne des IPCC AR5-Berichts entsprechend 1,0–2,5 °C. Hinzu kommen noch wie zuvor 0,3 °C langzeitliche Effekte aus der frühen Erwärmungsphase (»committed warming«).[20]

Insgesamt lässt sich daraus für das RCP 4.5-Szenario eine Gesamterwärmung seit 1850 bis 1900 von 1,3–2,8 °C abschätzen (Abb. 4). Weshalb BMU und BVerfG behaupten, eine Erwärmung von mehr als 3 °C bis zum Jahr 2100 sei wahrscheinlich, wenn aktuelle Zusagen zur Emissionsreduktion eingehalten werden, ist nicht nachvollziehbar. Im unteren Bereich der IPCC-Klimasensitivitäts-Spanne (die durch aktuelle Literatur gestützt wird)[20; 23; 24; 31; 35; 153; 154] gibt es Grund zur Annahme, dass nicht einmal das 1,5-Grad-Ziel bis 2100 bedeutend überschritten werden wird.

Durch die Auslassung der in Fachpublikationen und vom IPCC quantitativ angegebenen Unsicherheiten erweckt das BVerfG in seiner Beschlussbegründung den Eindruck einer alternativlosen klimatischen Gefahrenlage. Hätte das BVerfG die noch immer große Unsicherheitsspanne des genauen Wertes der CO_2-Klimasensitivität angemessen berücksichtigt, wären die in Wirklichkeit

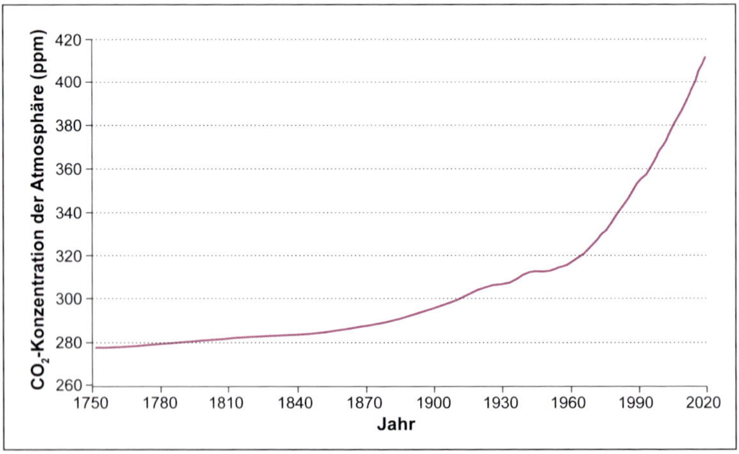

ABB. 5: Entwicklung der CO_2-Konzentration in der Atmosphäre für die Zeit 1750–2019. Quelle: verändert nach NOAA.[160]

wohl noch bestehenden erheblich größeren Handlungsspielräume deutlich geworden. Dies gilt in gleicher Weise für das an diese Entwicklung eng gekoppelte CO_2-Restbudget sowie politische Optionen, zum Beispiel ein schrittweises Vorgehen mit regelmäßiger Überprüfung von Klimaentwicklung und wissenschaftlichem Kenntnisstand zur CO_2-Klimasensitivität, etwa alle 5 Jahre.

9. Extremwetter

Das Bundesverfassungsgericht schreibt (Rn. 23-1, Seite 27):

»Die Folgen jüngerer klimabedingter Extremereignisse wie **Hitzewellen**, **Dürren**, **Starkregenereignisse**, Überschwemmungen, **Wirbelstürme** sowie **Wald- und Flächenbrände** demonstrieren nach wissenschaftlicher Einschätzung eine signifikante Verwundbarkeit des Menschen gegenüber dem Klimawandel.«

Faktencheck:

Es ist richtig, dass Extremwetter weltweit große Schäden anrichtet und dass Gesellschaften hierdurch signifikant verwundbar sind. Allerdings sind Extremwetterschäden kein neues Phänomen der industriellen Ära. Auch in vorindustrieller Zeit hat es Extremwetter gegeben, unter dem die Menschen litten. Das BVerfG versäumt es zu erwähnen, welche der genannten Extremwetterarten in den letzten 150 Jahren einen signifikant ansteigenden Trend besitzt. Angesichts der deutlichen globalen Erwärmung der letzten 150 Jahre von 1,0 °C wäre zu erwarten, dass zumindest einige der Extremwetterarten den Bereich der dokumentierten natürlichen Schwankungsbreite verlassen haben. In der Realität ist dies aber nicht der Fall.

Hitzewellen

In Deutschland, Österreich, in der Schweiz und im globalen Durchschnitt hat die Häufigkeit heißer Tage in den letzten Jahrzehnten zugenommen.[161; 162; 163; 164] Leider fehlen Daten zu Hitzewellen und Dürren für die Mittelalterliche Wärmeperiode vor 1000 Jahren, da es derzeit noch keine Möglichkeit gibt, diesen Parameter paläoklimatologisch zu rekonstruieren. Aus Gründen der Vergleichbarkeit (»Äpfel mit Äpfeln«) sollte die heutige Entwicklung jedoch mit früheren natürlichen Wärmephasen und nicht so sehr mit außergewöhnlichen Kältephasen wie der Kleinen Eiszeit (14.–19 Jh.) in Relation gesetzt werden. Generell gilt, dass Hitzewellen zu Zeiten von Wärmeperioden häufiger und extremer auftreten als während Kältephasen (zum Beispiel der Kleinen Eiszeit) (Abb. 6).

Während der Mittelalterlichen Wärmeperiode (MWP, 800–1300 n. Chr.) war es in Mitteleuropa und in vielen anderen Regionen der Erde ähnlich warm wie heute. Entsprechend ist davon auszugehen,

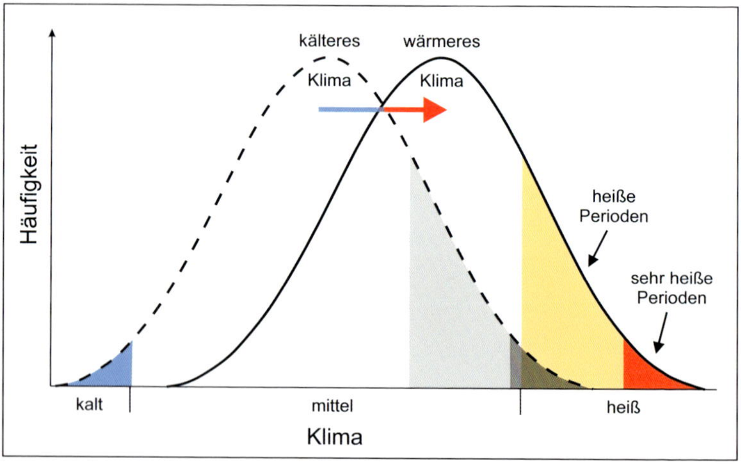

ABB. 6: Bei einer Veränderung des mittleren Klimas zu einem wärmeren Zustand verschiebt sich auch die Häufigkeit des Auftretens von extremen Perioden. Kältewellen treten kaum noch auf, Hitzewellen werden häufiger und noch heißer. Quelle: Hamburger Bildungsserver[165] nach IPCC AR3.

dass bereits vor 1000 Jahren Hitzewellen mindestens so häufig und intensiv waren wie aktuell. Im Übergang zur Kleinen Eiszeit nahm die Anzahl der heißen Tage dann ab, um während der vergangenen 150 Jahre wieder anzusteigen.

Dürren

In Deutschland gibt es keinen statistisch gesicherten Trend in der Häufigkeitsentwicklung von Trockenperioden, stellte das Umweltbundesamt (UBA) in seinem Monitoringbericht 2015 zur Deutschen Anpassungsstrategie an den Klimawandel fest.[166] Allerdings seien ausgeprägte natürliche Schwankungen mit abwechselnden Phasen stärker und geringer ausgeprägter Trockenheit festzustellen.[166] Seit 2013 häuften sich in Mitteleuropa jedoch die Dürren während der Sommermonate. In Deutschland waren die Jahre 2013, 2015, 2018 und 2019 besonders trocken. Aus der Sommer-Niederschlags-Statistik des Deutschen Wetterdienstes für die letzten einhundertvierzig Jahre geht aber auch hervor, dass es bereits in der Vergangenheit immer wieder Serien von Dürre-Sommern gegeben hat, zum Beispiel in den 1920er- und 1980er-Jahren. Langfristig hat sich die Regenmenge im Sommer in Deutschland leicht verringert, allerdings haben die Niederschläge in den anderen drei Jahreszeiten zugenommen. Eine Forschergruppe um Monica Ionita vom Bremerhavener Alfred-Wegener-Institut rekonstruierte die Dürregeschichte Mitteleuropas für die vergangenen eintausend Jahre.[167] Die Datengrundlage bestand aus Dicke-Messungen von Baumringen, historischen Aufzeichnungen zu Wasserständen in Flüssen sowie meteorologischen Messdaten. Die Studie ergab, dass sich die Dürresommer der letzten Jahre noch vollständig innerhalb der Grenzen der natürlichen Klima-Variabilität bewegen. Ähnlich extreme Dürreperioden gab es mehrfach auch in der vorindustriellen Vergangenheit.

Die Häufigkeit von Dürren blieb im globalen Maßstab während der letzten 30–100 Jahre unverändert.[168; 169; 170; 171] Langzeittrends sind nicht zu beobachten. In einigen Regionen wurden Dürren häufiger, in anderen hingegen seltener.[170] Das sieht im Übrigen auch der Extremwetter-Sonderbericht des IPCC so.[164; 172] Die Regenfälle haben sich im weltweiten Durchschnitt in den letzten 150 Jahren nur unwesentlich verändert.[173; 174; 175] Einige Kontinente wurden feuchter, andere trockener.[175; 176; 177] Zwischen 1984–2015 sind auf den Kontinenten fast 90 000 km^2 offene Wasserflächen ausgetrocknet. Allerdings bildeten sich gleichzeitig 184 000 km^2 neue Wasserflächen, sodass in den letzten drei Jahrzehnten zusätzliche Wasserflächen in der Größe von 170-mal dem Bodensee entstanden sind.[178]

Starkregen, Überschwemmungen

Seit 1951 hat sich die Häufigkeit von Starkniederschlag in Deutschland von mehr als 30 mm nur geringfügig erhöht.[179] Die Veränderung ist aus statistischer Sicht jedoch insignifikant, sodass kein belastbarer Langzeittrend ausgemacht werden kann. Die Zeitreihe moderner Radardaten zum Starkregen ist leider noch zu kurz, um aussagekräftige Trends interpretieren zu können.[180] Auch das Umweltbundesamt konnte in seinem Monitoringbericht 2015 zum Klimawandel keine belastbaren Trends zu Starkniederschlägen in Deutschland finden.[166] Die Zahl der Tage mit einer Niederschlagssumme von 20 mm und mehr im Sommer ist seit 1951 nahezu unverändert geblieben. Im Winter ist der entsprechende Index (Flächenmittel der maximalen 5-Tagessumme der Niederschläge) zwar leicht angestiegen, wobei der Anstieg aufgrund der starken Variabilität von Jahr zu Jahr statistisch nicht signifikant ist. Klimarekonstruktionen dokumentieren eine hohe natürliche Variabilität der Hochwasserhäufigkeit in Deutschland während der vergangenen Jahrhunderte. Studien zeigen, dass Hochwasser in Mitteleuropa in den vergangenen 500 Jahren nicht häufiger geworden zu sein scheinen.[181; 182] Dasselbe gilt auch für Gesamteuropa und die letzten 50 Jahre.[183]

Eine Studie des Max-Planck-Instituts für Physik komplexer Systeme in Dresden fand, dass die globalen Extremniederschläge in den letzten 15 Jahren abgenommen haben.[184] Bei Betrachtung der letzten 25 Jahre fanden sie einen viel schwächeren Zusammenhang zwischen Extremniederschlägen und Temperatur als zuvor von anderen Gruppen berichtet. Zhou und Kollegen schlussfolgern, dass die Gefahr von Extremniederschlägen im Zuge der Klimaerwärmung stark überschätzt wurde und auf realistischere Werte herunterkorrigiert werden muss. In Zukunft könnte extremer Regen sogar weniger werden.[184] Ein Team der National University in Canberra dokumentierte, dass die globalen Niederschläge in den letzten 70 Jahren trotz globaler Erwärmung weniger extrem geworden sind, und dies sowohl in zeitlicher als auch in räumlicher Hinsicht.[185] Eher gibt es eine Tendenz zu ausgeglicheneren Verhältnissen: Trockene Gebiete wurden feuchter, und feuchte Gebiete wurden trockener. Eine Temperaturabhängigkeit der Niederschlagsvariabilität war nicht festzustellen. Der Sonderbericht des IPCC zum Extremwetter von 2012 stellt fest, dass der Zusammenhang zwischen Überschwemmungen und Klimawandel bislang weitgehend unverstanden ist.[164]

Wirbelstürme

Der aktuelle wissenschaftliche Kenntnisstand ist, dass bislang noch kein anthropogener Einfluss auf die Wirbelstürme festgestellt werden konnte. Das bestätigte auch der IPCC in seinem letzten Spezialbericht zum Extremwetter.[164] Einen langfristigen Trend zu vermehrten, intensiveren[186] oder länger andauernden tropischen Wirbelstürmen gibt es nicht, weder global[164], noch in Nordamerika,[187] Afrika,[188; 189] Asien[190; 191; 192] oder Australien.[193; 194; 195] Die auf heutige Verhältnisse normalisierten Schadenssummen durch Hurrikane haben sich in den USA während der vergangenen 100 Jahre nicht verändert.[196; 197] Auch für die Zukunft ist keine Zunahme der Wirbelstürme im Zuge des Klimawandels prognostiziert, eher eine Abnahme.[198; 199; 200; 201; 202; 203; 204]

Wald- und Flächenbrände

Die globale jährlich verbrannte Landschaftsfläche ist in den letzten Jahrzehnten leicht gesunken, wie aus Satellitenbildauswertungen hervorgeht.[205; 206; 207; 208; 209; 210] Eine der Hauptursachen scheint die teilweise Abkehr von weideerhaltenden Feuern in den afrikanischen Savannen und die Ausdehnung feuerärmerer landwirtschaftlicher Aktivitäten zu sein.[205; 206; 207] Die in Deutschland durch Waldbrände aufgetretenen Schäden werden von der Bundesanstalt für Landwirtschaft und Ernährung alljährlich im Rahmen der deutschen Waldbrandstatistik erhoben. Hier ist eine langfristige Abnahme der Waldbrandschäden während der vergangenen 25 Jahre zu verzeichnen, sowohl was die verbrannte Fläche als auch die Anzahl der Brände angeht.[211]

10. Krankheiten, Stürme und Lawinen

Das Bundesverfassungsgericht schreibt (Rn. 23-2, Seite 27):

»**Witterungs- und Klimaveränderungen können dazu führen, dass Infektionskrankheiten sowie nichtübertragbare Krankheiten wie Allergien zunehmen** oder sich die Symptome bei bereits bestehenden Herz-Kreislauf- und Atemwegserkrankungen verstärken. **Extremereignisse wie Stürme, Hochwasser, Lawinenabgänge oder Erdrutsche gefährden Leib und Leben unmittelbar**; sie können außerdem zu sozialen und **psychischen Belastungen** und Störungen wie **Stress, Angstzuständen** und **Depressionen** führen.«

Faktencheck:

Krankheiten

Anders als vom BVerfG behauptet, lässt sich ein pauschaler Zusammenhang zwischen Klimawandel und Krankheiten nicht herstellen. Dabei stellt Kälte in der Regel ein größeres Risiko dar als Hitze.

Der Demograf Roland Rau von der Universität Rostock dokumentierte, dass die höchste Sterblichkeit in Mitteleuropa jedes Jahr im Januar, Februar und März gemessen wird. In diesen Monaten liegt die Sterblichkeitsrate 15–20 Prozent höher als im Sommer,[212; 213] was bedeutet, dass Kälte mehr Menschen tötet als Hitze. Kalte Temperaturen steigern das Risiko für Atemwegsinfektionen und Herz-Kreislauf-Erkrankungen, wobei die geschwächten Abwehrkräfte den Körper für Grippeviren und Lungenentzündungen anfälliger machen.[212; 214] Laut Rau ist das Risiko, an einer Atemwegserkrankung zu sterben, im Winter um 50 Prozent höher als im Sommer. Zudem verengt Kälte die Gefäße, was zu erhöhtem Blutdruck und in extremen Fällen zum Herzinfarkt führen kann.[212; 215]

Andere Untersuchungen aus verschiedenen Teilen der Erde bestätigen, dass Kälte in den meisten Ländern ursächlich den größten Anteil an temperaturbedingten Todesfällen hat.[215; 216; 217] In einer Studie von 384 Orten in 13 Ländern auf 5 Kontinenten ergaben sich 20-mal so viele Opfer durch Kälte im Vergleich zur Hitze.[216; 217; 218] Auch hier gibt es aber Ausnahmen, so verursachte Hitze in Australien mehr Todesfälle als Kälte.[219]

Immer wieder wird die Gefahr der Ausbreitung von Malaria auf nördlichere Breiten problematisiert, da sich der Überträger der Malariaerkrankung bei höheren Temperaturen ausbreitet. Die Statistik zeigt: Trotz gestiegener Temperaturen sind die Erkrankungen durch Malaria deutlich zurückgegangen, da die getroffenen Gegenmaßnahmen wirkungsvoll sind.[220; 221] In der Tat gefährden Extremereignisse wie Stürme, Hochwasser, Lawinenabgänge oder Erdrutsche Leib und Leben. Jedoch weisen diese in der Regel während der letzten 150 Jahre keinen Trend auf, sind also vom anthropogenen Klimawandel offenbar (noch) unbeeinflusst.

Stürme in mittleren Breiten

Das Potsdam-Institut für Klimafolgenforschung (PIK) wertete Satellitendaten aus und stellte für die vergangenen 35 Jahre eine signifikante Abnahme der Sturmaktivität während des Sommers in den mittleren Breiten der nördlichen Hemisphäre fest, darunter auch in Deutschland.[222; 223] Andere Studien stützen das Ergebnis und sagen für die Zukunft eine weitere Abnahme voraus.[224] Winterstürme über dem Nordatlantik und Nordwesteuropa zeigen allerdings starke, jahrzehntelange Schwankungen, wobei derzeit kein Langzeittrend sichtbar ist, wie ein Team um Frauke Feser vom Helmholtz-Zentrum Geesthacht dokumentierte.[225; 226] Erkennbar sind eine Verringerung der Sturmaktivität seit den 1880ern bis Mitte der 1960er-Jahre und ein darauf folgender Anstieg bis Mitte der 1990er-Jahre.[226] Ab da verringerte sich dann wiederum die Sturmaktivität.

Hochwasser

Siehe Kommentierung unter »9. Extremwetter« zu Rn. 23-1.

Lawinenabgänge

Aufgrund der Vielzahl von beteiligten Faktoren bleibt eine Abschätzung der Entwicklung des Lawinenrisikos im Zuge des Klimawandels schwierig. Die derzeitigen Prognosen gehen davon aus, dass Schneefall später im Jahr erfolgt und im Frühjahr der Schnee früher schmilzt, was das Lawinenrisiko daher insgesamt senken sollte.[227] Paläoklimatologische Studien in den Alpen zeigen, dass besonders viele Lawinen mit Gletschervorstoßphasen zusammenfielen.[227; 228] Während dieser Kaltperioden gab es genügend Schnee für die Lawinen. Im Gegensatz hierzu bewirkt eine Erwärmung ein besseres Waldwachstum und ein Höhersteigen der Waldgrenze.

Damit wird die absolute Zahl potenzieller Lawinenanbruchgebiete verringert.[228]

Bergstürze und Erdrutsche

Ein Forscherteam unter Beteiligung der ETH Zürich rekonstruierte die Bergsturz-Historie im Mont-Blanc-Massiv während der vergangenen Jahrtausende.[229] Die Forscher konnten keinen Zusammenhang zwischen Steinlawinen und dem Klima feststellen. Ob kalt oder warm, die Steine scheinen sich kaum um das Klima gekümmert zu haben. Letztendlich handelt es sich bei Bergstürzen um die normale Erosion der Alpen, also ganz gewöhnliche Verwitterung. Eine Studie der Universität Cardiff fand zudem in einer Fallstudie in den südlichen Appalachen, dass eine im Zuge des Klimawandels prognostizierte Zunahme von Regenstürmen wohl kaum einen Einfluss auf die Häufigkeit von Erdrutschen haben würde.[230; 231]

Psychische Belastungen

Klimawandelbedingte Angstzustände und Depressionen werden vor allem durch dramatische Medienberichte über eine möglicherweise drohende Klimakatastrophe hervorgerufen, weniger durch den heute stattfindenden anthropogenen Klimawandel selber.

Eine 2016 in *Nature Climate Change* veröffentlichte Studie von Shi und Kollegen fand, dass die individuelle Angst vor einer Klimakatastrophe umso geringer ist, je besser sich Menschen mit den physikalischen Zusammenhängen des Klimawandels auskennen.[232]

11. Der Anstieg des Meeresspiegels

Das Bundesverfassungsgericht schreibt (Rn. 25-1, Seite 28):

»Im Fall ungeminderter Emissionen wird von einem **Anstieg des Meeresspiegels von deutlich über einem Meter bis zum Ende des 21. Jahrhunderts ausgegangen**. Dabei ist die Möglichkeit eines Kollabierens der Eisschilde nicht einbezogen.«

Faktencheck:

Das BVerfG behauptet einen Meeresspiegelanstieg von »deutlich über einem Meter« bis 2100. Dies entspricht nicht dem aktuellen Kenntnisstand in den Klimawissenschaften und dramatisiert die Gefahr. Laut einer Studie der Universität Utrecht ist im 21. Jahrhundert mit einem Anstieg von 33 cm zu rechnen.[132] Die Ergebnisse basieren auf einer Meeresspiegel-Computersimulation von René van Westen und Henk Dijkstra, die es in dieser hohen Auflösung noch nicht gegeben hat.

Die neuen Simulationen zeigen, dass sich der Ozean um die Antarktis voraussichtlich kaum erwärmen wird. Einige Regionen sollen bis zum Ende des Jahrhunderts sogar kälter werden. Die an den Küsten der Antarktis verursachte Eisschmelze beträgt laut den neuen Berechnungen nur ein Drittel von dem, was frühere, geringer auflösende Simulationen suggeriert haben. Und weil im neuen Modell zusätzlich auch mehr Schneefall in der Antarktis zu erwarten ist, wird die antarktische Eismasse in diesem Jahrhundert voraussichtlich sogar insgesamt unverändert und stabil bleiben. Insofern wird die Antarktis bis 2100 wohl überhaupt keinen Beitrag zum globalen Meeresspiegel-Anstieg beisteuern. Hierdurch verringert sich der in diesem Jahrhundert zu erwartende Anstieg des Meeresspiegels um 25 Prozent. Während das alte Modell von einer Erhöhung des Meeresspiegels von etwa 42 cm ausging, sind es jetzt nur noch 33 cm. Ein Wert, der von den dramatischen Szenarien des Potsdam-Instituts für Klimafolgenforschung von mehr als einem Meter weit entfernt ist. Offensichtlich hat sich das BVerfG an der Auffassung des Potsdam-Instituts orientiert.

12. Sturmfluten

Das Bundesverfassungsgericht schreibt (Rn. 25-2, Seite 28):

Langfristige Änderungen im mittleren Meeresspiegel können an Nord- und Ostsee die Eintrittswahrscheinlichkeit besonders hoher **Sturmflutwasserstände** bedeutend erhöhen.

Faktencheck:

Laut Bundesamt für Seeschifffahrt und Hydrographie (BSH) gibt es in Norddeutschland nicht mehr Sturmfluten als vor 50 Jahren.[233] Weder bei Häufigkeit noch Intensität der Sturmfluten gebe

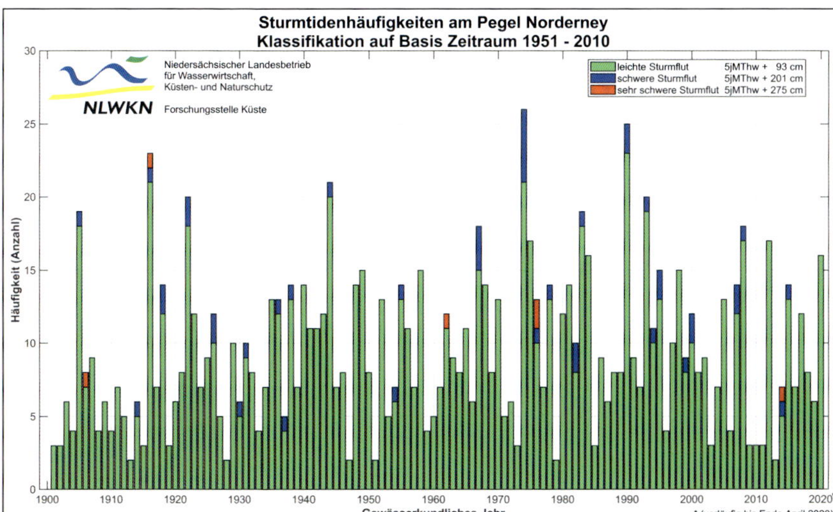

ABB. 7: Anzahl von Sturmfluten am Pegel Norderney seit 1910. Quelle: Niedersächsischer Landesbetrieb für Wasserwirtschaft, Küsten- und Naturschutz.

es einen Trend, dafür jedoch eine starke natürliche Variabilität von Jahr zu Jahr. Dies zeigt exemplarisch die Zeitreihe des Pegels Norderney, die die letzten 100 Jahre umfasst (Abb. 7). Auch eine Studie von Gabriele Gönnert konnte keinen Langzeittrend für Sturmfluten in der Deutschen Bucht finden, wobei auf eine Phase höherer Sturmfluthäufigkeit im Zeitraum 1900–1950 hingewiesen wird.[234]

13. Dürren

Das Bundesverfassungsgericht schreibt (Rn. 27, Seite 29):

»Als eine besondere Herausforderung gilt die **in Deutschland beobachtete Zunahme von Trockenheit und Dürre**. Die hiermit einhergehende Austrocknung der Böden hat vor allem für die Landwirtschaft Bedeutung.«

Faktencheck:

In Deutschland und Mitteleuropa ist während der letzten 1000 Jahre keine ungewöhnliche Zunahme von Trockenheit und

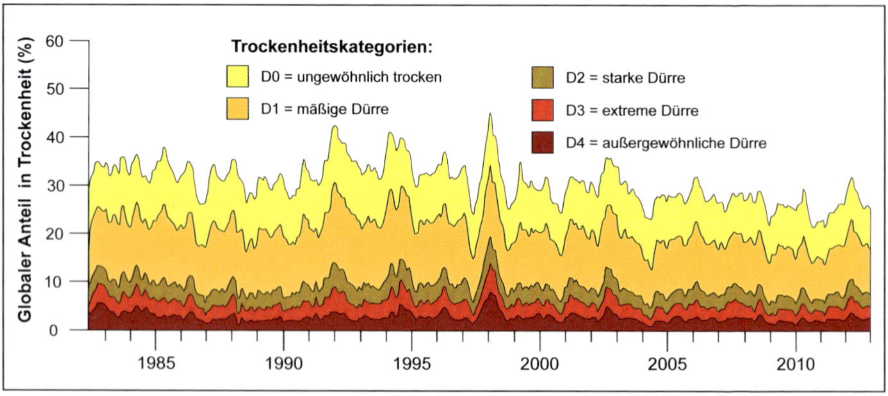

ABB. 8: Entwicklung der Dürren weltweit in den letzten 40 Jahren. Quelle: Hao und Kollegen.[169] Legende: D0 (trockener als normal), D1 (mäßig trocken), D2 (schwerwiegend), D3 (extrem trocken) und D4 (außergewöhnlich trocken).

Dürre erkennbar (siehe Kommentierung unter »9. Extremwetter« zu Rn. 23-1). Trotz oft fehlendem Langzeittrend gibt es im regionalen Maßstab charakteristische Schwankungen der Dürrehäufigkeit, die im Maßstab von Jahren bis mehreren Jahrzehnten ablaufen. Die Veränderungen im Niederschlag folgen in vielen Fällen dem Takt der Ozeanzyklen wie etwa AMO, NAO oder PDO.[235; 236] Regionale hydrologische Kurzzeittrends sollten daher nicht fälschlicherweise als Folge anthropogener Beeinflussung fehlinterpretiert werden.[237] Auch weltweit haben die Dürren nicht zugenommen (Abb. 8).

14. Klimaflüchtlinge

Das Bundesverfassungsgericht schreibt (Rn. 28-1, Seite 29):

»**Der Klimawandel ist zudem bedeutende Ursache von Flucht und Migration. Menschen verlassen ihre Heimat auch in Folge von Naturkatastrophen und aufgrund langfristiger Umweltveränderungen wie etwa vermehrter Dürren und des Anstiegs des Meeresspiegels.** Die Veränderungen beeinträchtigen neben der Gesundheit vor allem die Nahrungsmittelproduktion und -versorgung. Das Risiko von Hungersnöten steigt. Zugleich verschärft der Klimawandel soziale Ungleichheiten und birgt die Gefahr gewaltsamer Konflikte, wenn sich der Wettstreit um Wasser, Nahrungsmittel und Weideland verstärkt. [...] Zunehmende Klimaveränderungen verstärken so weltweit Fluchtbewegungen und könnten die internationale Flucht und Migration in Richtung Europa intensivieren.«

Faktencheck:

Das BVerfG präsentiert ein simplistisches Konzept von angeblich klimawandelbedingten Fluchtbewegungen als scheinbar gesichertes Wissen, das in der Fachwelt jedoch hochumstritten ist. Laut Benjamin Schraven vom Deutschen Institut für Entwicklungspolitik (DIE) gibt es vielfältige Gründe für Migrationsentscheidungen.[238] Sie können von ökologischen, aber sehr häufig auch von vielen anderen Faktoren und Motiven wirtschaftlicher, politischer, sozialer, kultureller oder demografischer Natur beeinflusst werden. Laut Schraven wird der Begriff des »Klimaflüchtlings« immer noch gern und häufig benutzt, aber tatsächlich bilden bewaffnete Konflikte weltweit den Hauptfluchtgrund.[238] Benjamin Schraven warnt:[238]

»Vieles deutet darauf hin, dass die immer noch weit verbreitete Annahme eines Automatismus zwischen Klimawandel und Migration – getreu einer Formel ›weniger Regen oder mehr Dürren führt zu mehr Migration‹ – stark angezweifelt werden muss. Ein solch genereller ›Ökodeterminismus‹ ist empirisch nicht haltbar.«

Eine 31-köpfige Forschergruppe verwahrte sich 2019 in einem Artikel im Fachblatt *Nature Climate Change* gegen simplistische Ansätze und Falschbehauptungen zur angeblich durch den Klimawandel ausgelösten Massenmigration. Sie bemängeln Forschungsförderungsprogramme, die einseitige Ergebnisse provozieren:[239]

»Anstatt sich von der Politik die wissenschaftlichen Prioritäten diktieren zu lassen, was zu sich selbst erhaltenden falschen Behauptungen zur klimabedingten Migration führt, sollte die Politik eine sorgfältige und kritische faktenorientierte Abwägung anfordern, um die wichtigsten Herausforderungen der Zukunft zu beschreiben.«

Laut Steffen Bauer und Benjamin Schraven vom Deutschen Institut für Entwicklungspolitik erfolgt umweltwandelbedingte Migration vor allem in zirkulären oder saisonalen Mustern.[240] Einzelne Familienmitglieder machen sich dabei zeitlich begrenzt auf den Weg, um anderswo Geld zu verdienen, um Ernte- oder Viehverluste der Familie oder des Clans zu kompensieren. Dabei bewegen sie sich in den allermeisten Fällen innerhalb der Grenzen des eigenen Herkunftslandes oder zwischen benachbarten Ländern einer Region.[240] Die beiden Migrations-Experten Bauer und Schraven wehren sich gegen alarmistische Warnungen wie etwa von Jakob von Uexküll, dem Stifter des Alternativen Nobelpreises, der in der Zukunft mit 200 Millionen Klimaflüchtlingen in Europa aus Afrika rechnet.[240; 241] In einem Artikel in der Zeit schreiben die DIE-Forscher:

»Doch die Gleichung ›je mehr Klimawandel, desto mehr Migration‹ geht nicht auf. Denn Migrationsentscheidungen sind sehr komplex.«

Entgegen der Behauptung des BVerfG gibt es keine weltweite Steigerung von Dürren in den vergangenen Jahrzehnten (siehe Kommentierungen unter »9. Extremwetter« zu Rn. 23-1 und unter »13. Dürren« zu Rn. 27). Ebenso wenig hat der Meeresspiegelanstieg Fluchtbewegungen ausgelöst. Korallenatolle wachsen in der Regel mit dem Meeresspiegel mit und sind in der Lage, Anstiegsraten zu meistern, die vielfach über den heutigen liegen. Fakt ist, dass die Korallen selbst den besonders rapiden Meeresspiegelanstieg nach Ende der letzten Eiszeit vor 10 000 Jahren offenbar gut verkraftet haben. Damals lag der Meeresspiegel mehr als 100 m tiefer und stieg mit einer im Vergleich zu heute fast zehnfach höheren Rate.[242]

Die systematische Auswertung von Luft- und Satellitenbildern hat in den letzten Jahren Klarheit darüber gebracht, dass sich die meisten Koralleninseln sogar vergrößert (und nicht etwa verkleinert) haben.[243; 244; 245; 246; 247; 248] Nach starken Taifunen regenerieren die Inseln offenbar relativ schnell,[249] in einigen Fällen werden Inseln durch tropische Stürme sogar erst aufgeschüttet.[250; 251] Der aktuelle Meeresspiegelanstieg und Stürme scheinen daher kein Problem darzustellen, wenn man die Korallen und ihre Riff-Mitbewohner frei wachsen lässt.

Die wahre Bedrohung stammt nicht vom Klimawandel, sondern von Eingriffen in das Ökosystem durch die Inselbewohner,[252; 253; 254] wie etwa dem Einleiten von belasteten Abwässern, Abholzen des Mangrovenwaldes,[255] zerstörerischen Fischereimethoden, der Gewinnung von Baumaterial aus der aktiven Riffzone und von Stränden[247; 256] sowie dem Asphaltieren und Versiegeln der kalkbildenden Küstenzone.[257; 258]

15. Bedrohung der Küsten

Das Bundesverfassungsgericht schreibt (Rn. 28-2, Seite 29):

»Die zunehmende Erwärmung setzt **niedrig gelegene Küstengebiete, Deltas und kleine Inseln** in besonderem Maße den mit dem **Meeresspiegelanstieg** verbundenen Risiken aus, darunter erhöhtem Salzwassereintrag, Überflutung und Schädigung von Infrastruktur. Bei steigendem Meeresspiegel werden Inseln und Küstenzonen von der dort lebenden Bevölkerung wegen periodischer oder dauerhafter Überflutung verlassen.«

Faktencheck:

Die vom BVerfG suggerierten Zusammenhänge sind in Wirklichkeit viel komplexer, sodass hier ein Zerrbild der Realität entsteht. So handelt es sich bei den natürlichen Sandumlagerungsprozessen an den Küsten von Indien, Ghana und Senegal keinesfalls um meeresspiegelbedingte Klimawandelschäden, wie von einigen Medien bevorzugt kurz vor den großen UN-Klimakonferenzen beschrieben.[259; 260; 261] Die Salzmarschen vor New York schrumpfen nicht etwa wegen des Klimawandels, sondern weil viele Zuflüsse wegen der zunehmenden Bebauung im Laufe der Zeit verschwunden sind und daher heute weniger Sediment eingetragen wird.[262]

Generell sind die Küstenmarschen der Welt wohl robuster als gedacht, da durch den erhöhten CO_2-Gehalt der Atmosphäre die Pflanzen dort produktiver werden und mehr Sediment bilden.[263] Dadurch können sie aufschlicken und in gewissen Grenzen mit dem Meeresspiegel mitwachsen.[264; 265] Ein wärmeres Klima kurbelt zudem das Mangrovenwachstum in den Küstengewässern im Südosten der USA an, sodass hier neues Sediment entsteht, das einen Teil des Meeresspiegelanstiegs ausgleichen kann.[266] So wurden in den globalen Küstenzonen trotz Meeresspiegelanstieg während der vergangenen 30 Jahre durch vielfältige Prozesse 13 565 km^2 zusätzliches Land geschaffen.[267] Die Hälfte aller Strände der Erde ist stabil, ein Viertel schrumpft und ein anderes Viertel wächst.[268] Den Stränden geht es noch immer ziemlich gut.

Auch bei den großen Deltagebieten der Erde liegt ein Missverständnis vor. In der Tat ereignen sich in diesen Gebieten wiederholte Überschwemmungen, die große Schäden verursachen. Der Meeresspiegelanstieg spielt jedoch eher eine Nebenrolle. Bedeutender ist, dass viele Deltas Absenkungsraten besitzen, die ein Vielfaches des globalen Meeresspiegelanstiegs betragen.[269; 270; 271; 272] Diese Absenkung (Subsidenz) ist zu einem großen Teil ein natürliches Phänomen, da viele Deltas der Welt unter ihrem Eigengewicht absinken.

In einigen Regionen verstärkt exzessive Grundwasserentnahme die Subsidenz, zum Beispiel im Zusammenhang mit der Bewässerung von Palmölplantagen. Viele große Flüsse sind heute mehrfach durch Staudämme unterbrochen, die einen Teil des Sediments aus dem System nehmen, das sonst das Delta aufgefüllt hätte. Durch die verminderten Sedimentmengen verschärft sich das Überflutungsrisiko in den absinkenden Deltaküstengebieten. Auch dies hat aber nichts mit dem Klimawandel zu tun. Das BVerfG erwähnt keinen einzigen dieser wichtigen Prozesse und präsentiert einen fragwürdigen monokausalen Klimawandel-Bezug.

16. Das Aufhalten des Klimawandels

Das Bundesverfassungsgericht schreibt (Rn. 31, Seite 30):

»Der durch Menschen verursachte Klimawandel lässt sich nach derzeitigem Stand **nur durch die Reduktion von CO2-Emissionen maßgeblich aufhalten.«**

Faktencheck:

Hier widerspricht sich der Text des BVerfG selbst, denn kurz darauf (bei Rn. 33) räumt das BVerfG ein, dass auch Maßnahmen zur Erzielung »negativer Emissionen« denkbar wären:

»In Betracht kommen daneben Maßnahmen, die zwar nicht die Entstehung von CO2-Emissionen vermeiden können, die jedoch verhindern, dass sie in die Atmosphäre freigesetzt werden, oder die die CO2-Emissionen wieder aus der Atmosphäre entnehmen (›negative Emissionen‹; auch ›Carbon Dioxide Removal‹ – CDR und ›Carbon Capture and Storage‹ – CCS). Eine künftige Nutzung entsprechender Technologien hält der IPCC insbesondere für notwendig, um das Ziel erreichen zu können, die Erderwärmung bei 1,5 °C zu begrenzen oder wieder auf dieses Maß zurückzuführen.«

Neben dem IPCC[273] hält sogar der European Green Deal[274] CCS bzw. CCUS (Carbon Capture, Utilization and Storage) für eine wichtige Maßnahme zur Dekarbonierung der Gesellschaft. Der Exekutivdirektor der Internationalen Energieagentur (IEA) der OECD in Paris erklärte im September 2020, dass ohne CCUS die Energie- und Klimaziele nahezu unmöglich zu erreichen wären.[275] Es ist unklar, weshalb sich das BVerfG über die Einschätzung dieser wichtigen internationalen Fachorganisationen hinwegsetzt.

17. Kohlenstoffsenken

Das Bundesverfassungsgericht schreibt (Rn. 32, Seite 31):

»Es wird angenommen, dass ein annähernd linearer Zusammenhang zwischen der Gesamtmenge der über alle Zeiten hinweg kumulierten anthropogenen CO2-Emissionen und der globalen Temperaturerhöhung besteht. **Nur kleine Teile der anthropogenen Emissionen werden von den Meeren und der terrestrischen Biosphäre aufgenommen; der Gesetzgeber hat angenommen, für Deutschland seien 5 % der Jahresemissionen von 1990 ›netto-treibhausneutral‹** (vgl. die Legaldefinition in § 2 Nr. 9 KSG; siehe auch IPCC, Sonderbericht, 1,5 °C Globale Erwärmung, Zusammenfassung für politische Entscheidungsträger, 2018, S. 28) und würden insbesondere durch eine langfristige Bindung in natürlichen Kohlenstoffsenken (beispielsweise durch Boden, Wälder und Gewässer) ausgeglichen (BTDrucks 19/14337, S. 24). **Der große Rest anthropogener CO2-Emissionen verbleibt aber langfristig in der Atmo-**

sphäre, summiert sich, trägt dort zur Erhöhung der CO2-Konzentration bei und entfaltet so Wirkung auf die Temperatur der Erde. Im Gegensatz zu anderen **Treibhausgasen verlässt CO2 die Erdatmosphäre in einem für die Menschheit relevanten Zeitraum nicht mehr auf natürliche Weise**. Jede weitere in die Erdatmosphäre gelangende und dieser nicht künstlich wieder entnommene (unten Rn. 33) CO2-Menge erhöht also bleibend die CO2-Konzentration und führt entsprechend zu einem weiteren Temperaturanstieg. Dieser Temperaturanstieg bleibt bestehen, auch wenn sich die Treibhausgaskonzentration nicht weiter erhöht.«

Faktencheck:

Zunächst wiederholt das BVerfG seinen vorherigen Fehler zur angeblich linearen Beziehung zwischen CO_2-Konzentration und CO_2 (siehe Kommentierung unter »4. Einflussgrößen für zukünftige Erwärmung« zu Rn. 19). In der Folge tätigt das Gericht eine weitere signifikante Fehlaussage, nämlich dass angeblich »nur kleine Teile der anthropogenen Emissionen [...] von den Meeren und der terrestrischen Biosphäre aufgenommen« werden. Dies entspricht in keinerlei Hinsicht dem wissenschaftlichen Konsens. In Wirklichkeit wirken Ozeane, Böden und Vegetation als wichtige CO_2-Senken und nehmen derzeit etwa die Hälfte der weltweiten anthropogenen CO_2-Emissionen auf.[276; 277]

In der Folge behauptet das BVerfG, dass »der große Rest anthropogener CO_2-Emissionen [...] langfristig in der Atmosphäre« verbliebe. CO_2 würde die »Erdatmosphäre in einem für die Menschheit relevanten Zeitraum nicht mehr auf natürliche Weise« verlassen. Auch dies ist eine eklatante Fehldarstellung. Denn CO_2 unterliegt einem natürlichen Abbau in der Atmosphäre. Hierauf wies zum Beispiel der Kieler Klimaforscher Mojib Latif im Rahmen einer Lions-Club-Veranstaltung im fränkischen Lichtenfels 2016 hin. Die Webplattform infranken.de zitiert den Klimaforscher: *»Wenn wir CO_2 in die Luft blasen, dann bleibt das da 100 Jahre«*. Man kann berechnen, dass der Großteil des CO_2 nach 100–150 Jahren wieder aus der Atmosphäre entfernt ist.[278]

Die Menschheit stößt zurzeit jährlich etwa 36,8 Milliarden Tonnen CO_2 aus, das sind auf die Atmosphäre umgerechnet 4,7 ppm. Es werden durch die Ozeane und die Pflanzen zurzeit etwa 55 Prozent (also 2,6 ppm) der heutigen Emissionen aufgenommen, 2,1 ppm verbleiben in der Luft.[279] Die Aufnahme ist aber nicht abhängig von der Emission, sondern von der Differenz zwischen heutigem CO_2-Gehalt (410 ppm) und dem vorindustriellem Gleichgewichtszustand (280 ppm) in der Atmosphäre. Das ist nicht unbedeutend, heißt dies doch, dass bei einer Verringerung der Emission die Abbaurate bestehen bleibt und bei einer Halbierung der Emission, etwa auf 2,35 ppm, mehr CO_2 abgeschieden wird als neu hinzukommt, was bereits zu einer Verringerung der CO_2-Konzentrationen in der Luft führen würde.

Der CO_2-Abbauprozess läuft nach Auffassung des IPCC nicht gleichmäßig ab. Nach dem vom IPCC verwandten BERN-Modell wird ungefähr die Hälfte der neu eingetragenen Menge CO_2 in einem Zeitraum von 45 Jahren aus der Atmosphäre entfernt, weitere 30 Prozent im Verlauf mehrerer Jahrhunderte (durch Vermischen mit den Tiefenwässern), und die restlichen 20 Prozent werden erst nach einigen Tausend Jahren durch Karbonatsgesteinsbildung dem CO_2-Kreislauf entzogen.[280; 109] Es gibt gut begründete Kritik an dieser Darstellung des IPCC. Demnach ist die schnelle Halbwertszeit von bis zu 45 Jahren so lange wirksam, wie die Senken der Ozeane und Pflanzen nicht gesättigt sind.[69]

Im Gegensatz zur Darstellung des BVerfG verlässt CO_2 also durchaus wieder auf natürlichem Wege die Atmosphäre. Zwar werden hierfür etliche Jahrzehnte benötigt, jedoch spielt sich der Prozess ganz klar innerhalb eines für die Menschheit relevanten Zeitraums ab. Es handelt sich dabei vom Maßstab her sogar um sehr ähnliche Zeiträume wie die bis 2100 erstellten Temperaturprojektionen.

18. Carbon Capture and Storage (CCS)

Das Bundesverfassungsgericht schreibt (Rn. 33, Seite 31):

»Zugleich gilt der Einsatz von Negativemissionstechnologien derzeit als, jedenfalls in größerem Umfang, **schwer realisierbar;** er unterliegt erheblichen **Beschränkungen und Bedenken bezüglich wirtschaftlicher Rentabilität, technischer Machbarkeit, internationaler Koordinierbarkeit** sowie sozialer Folgen und vor allem neuerlicher ökologischer Risiken.«

Faktencheck:

Das BVerfG stellt Maßnahmen zur Kohlenstoffsequestrierung (CCS, CCUS) als »in größerem Maßstab schwer realisierbar« und wirtschaftlich beschränkt rentabel dar. Hierbei handelt es sich sehr sicher um eine Fehleinschätzung. CCS wird von der Öl- und Gasindustrie seit Jahrzehnten durchgeführt, ist also technisch bereits in den Grundzügen erprobt. Ziel der bisherigen CCS-Projekte war das Verpressen von CO_2 zur Steigerung der Öl- und Gasförderrate bzw. das umgehende Rückverbringen von mitgefördertem CO_2.

Durch den bisher geringen CO_2-Preis war eine Sequestrierung des CO_2 aus Klimaschutzgründen bis jetzt ohne Subventionierung nicht wirtschaftlich. Hier findet derzeit jedoch ein signifikanter Wechsel statt. Laut Berechnungen aus der Industrie beginnen CCS-Projekte ab einem Preis von ca. 50 Euro pro Tonne CO_2 wirtschaftlich zu werden.[281; 282] Diese Marke wurde 2021 im Rahmen des europäischen Zertifikatehandels erstmals überschritten.

Durch die weitere Verknappung der Zertifikate wird sich der CO_2-Preis in den kommenden Jahren weiter stark erhöhen, sodass schon sehr bald eine vollständige Wirtschaftlichkeit erreicht ist. So beabsichtigt Norwegen seinen CO_2-Preis bis 2030 auf 200 Euro anzuheben. Es ist anzunehmen, dass die EU hier ähnliche Ziele anstreben wird. Im Zuge der weiteren Entwicklung der CCS-Industrie ist mit einer Absenkung der technischen Kosten zu rechnen. Es ist durchaus möglich, dass CCS in Zukunft eine große Rolle bei der Erzeugung CO_2-neutraler Energie zu einem für die Bevölkerung erschwinglichen Preis spielen wird.

Das BVerfG hat sich ganz offensichtlich nicht sehr tiefgreifend mit dem Thema CCS beschäftigt. Übersehen wurde auch, dass mittlerweile im Bereich der Nordsee sowie in den USA eine Vielzahl von Demonstrations- und Pilotprojekten mit substanzieller staatlicher Unterstützung in Vorbereitung sind.

Im Rahmen des Projekts »Northern Lights« soll CO_2 aus zahlreichen Quellen Nordwesteuropas per Schiff zur Sequestrierung nach Norwegen transportiert werden. ExxonMobil erklärte im April 2021, die Firma wolle 100 Milliarden US-Dollar in einen CCS Hub im Bereich des texanischen Houston investieren, um Emissionen des nördlichen Golfs von Mexiko zu sequestrieren. Eine Vielzahl von Pilot- und Demonstrationsprojekten weltweit bereitet die CCS-Kommerzialisierung vor, die umso wirtschaftlicher ist, je höher der CO_2-Preis ist.

Es ist schleierhaft, weshalb das BVerfG davon ausgeht, Negativemissionen und CCS würden keine große Rolle spielen und dass Deutschland sich von den international auf Hochtouren laufenden Trends zur CCS-Kommerzialisierung abkoppeln könne. Dies ist umso fragwürdiger, da die wichtigsten CCS-Projekte »direkt vor der Haustür« in der Nordsee angesiedelt sind. Sobald die CCS-Industrie die Abnahme großer Mengen von CO_2 zu einem geeigneten Preis (zum Beispiel 50–80 Euro pro Tonne CO_2) anbieten kann, werden theoretische CO_2-Preise von 200 Euro pro Tonne CO_2 zweitranging, da Emittenten stets den günstigeren CCS-Weg gehen werden.

19. Die Rolle der Naturwissenschaften

Das Bundesverfassungsgericht schreibt (Rn. 35, Seite 32):

»Ob und auf welche Höhe die CO2-Konzentration in der Erdatmosphäre und der Temperaturanstieg zu begrenzen sind, ist eine klimapolitische Frage. **Sie ist nicht durch die Naturwissenschaften zu beantworten.**«

Faktencheck:

Die Frage der CO_2-Konzentration in der Erdatmosphäre und des damit verbundenen Temperaturanstiegs ist nicht nur eine politische, sondern auf jeden Fall auch eine naturwissenschaftliche Frage. Erneut ignoriert das BVerfG, dass die Erwärmung stark von der noch immer schlecht bekannten CO_2-Klimasensitivität abhängig ist (siehe Kommentierung unter »2. Die Unsicherheitsspanne der CO_2-Erwärmungswirkung« zu Rn. 17). Die Bestimmung der CO_2-Klimasensitivität ist ganz klar durch die Naturwissenschaften zu beantworten.

20. Unsicherheiten beim CO_2-Restbudget

Das Bundesverfassungsgericht schreibt (Rn. 36-1, Seite 32+33):

»Damit aus einem globalen Temperaturziel Maßgaben zur Reduktion von CO2-Emissionen abgeleitet werden können, sind jedoch klimaphysikalische Umrechnungen der Erwärmung in emittierte CO2-Mengen notwendig. Angesichts des Zusammenhangs zwischen CO2-Konzentration und Erderwärmung ist dies prinzipiell möglich, **wenngleich die Umrechnung aufgrund der Komplexität des Klimasystems mit Unsicherheiten verbunden bleibt** (SRU, a.a.O., S. 39 ff. Rn. 8 f.; näher unten Rn. 216 ff.). Wegen des **annähernd linearen Zusammenhangs** lässt sich ungefähr angeben, wie hoch die CO2-Konzentration in der Atmosphäre höchstens sein darf, wenn eine bestimmte Erdtemperatur nicht überschritten werden soll. Es ist auch in etwa bekannt, wie hoch die CO2-Konzentration heute bereits ist. **Daher lässt sich in Annäherung bestimmen, welche weitere Menge an CO2 noch höchstens dauerhaft in die Erdatmosphäre gelangen darf, damit diese angestrebte Erdtemperatur nicht überschritten wird.** Stellt man noch die (nach heutigem Stand allerdings geringe) Menge sogenannter **negativer CO2-Emissionen in Rechnung, die gar nicht erst in die Atmosphäre gelangen** oder dieser wieder entnommen werden, ergibt sich, welche CO2-Mengen insgesamt (global) noch emittiert werden können, wenn die daraus resultierende Erwärmung der Erde die Temperaturschwelle nicht übersteigen soll. Diese Menge wird in der klimapolitischen und klimawissenschaftlichen Diskussion als **›CO2-Budget‹** bezeichnet.«

Faktencheck:

Das BVerfG räumt an dieser Stelle verbleibende Unsicherheiten wegen der Komplexheit des Klimasystems ein. Allerdings hätte das Gericht diese auf jeden Fall quantifizieren müssen, da eine der Hauptaussagen der Beschlussbegründung im Zusammenhang mit dem CO_2-Restbudget quantitativer Natur ist. In der Wissenschaft ist es üblich, wo immer möglich Fehlerbalken und Unsicherheiten zu spezifizieren. Das BVerfG verletzt diese Grundregel. Im vorliegenden Absatz zum CO_2-Budget fehlen zudem erneut Hinweise auf die wichtige Rolle der CO_2-Klimasensitivität (siehe Kommentierung unter »2. Die Unsicherheitsspanne der CO_2-Erwärmungswirkung« zu Rn. 17) und zur noch andauernden kontroversen Fachdiskussion zur zukünftigen Effektivität der CO_2-Senken (siehe Kommentierung unter »17. Kohlenstoffsenken« zu Rn. 32).

21. Berechnung des CO_2-Restbudgets

Das Bundesverfassungsgericht schreibt (Rn. 36-2, Seite 33):

»Der IPCC hat für verschiedene Temperaturziele mit verschiedenen Wahrscheinlichkeiten unterschiedliche globale Restbudgets angegeben (IPCC, Special Report, Global Warming of 1.5 °C, 2018, Chapter 2, S. 108, Tab. 2.2). Der Sachverständigenrat hat auf dieser Grundlage für eine Begrenzung der Erderwärmung auf 1,75 °C ein auf Deutschland entfallendes Restbudget berechnet. Er hat dem die vom IPCC für eine Zielerreichungswahrscheinlichkeit von 67 % angegebenen Werte zugrunde gelegt (SRU, a.a.O., S. 52; näher zu diesen Annahmen und ihrer Belastbarkeit unten Rn. 219 ff.).«

Faktencheck:

In dieser Rechnung fehlen die Abhängigkeit von der CO_2-Klimasensitivität sowie entsprechende Fehlerbalken. Zudem bleibt die noch wissenschaftlich ungeklärte zukünftige Entwicklung der CO_2-Senken unberücksichtigt.

22. Unumkehrbarkeit

Das Bundesverfassungsgericht schreibt (Rn. 198, Seite 83):

»**Die gegenwärtig zu beobachtende Erderwärmung resultiert aus anthropogenen Treibhausgasemissionen**, die in die Erdatmosphäre gelangen. Um die Erderwärmung bei der verfassungsrechtlich maßgeblichen Temperaturschwelle (unten Rn. 208 ff.) anzuhalten, muss eine weitere Anreicherung der Treibhausgaskonzentration in der Erdatmosphäre über diese Schwelle hinaus verhindert werden. **Denn die Treibhausgaskonzentration und der daraus über die Erderwärmung resultierende Klimawandel sind nach derzeitigem Stand weitgehend unumkehrbar.**«

Faktencheck:

Das BVerfG geht offenbar davon aus, dass 100 Prozent der Erwärmung anthropogenen Ursprungs sind. Die entsprechenden Modelle hierzu vermögen jedoch nicht die vorindustrielle Vergangenheit zu reproduzieren, sodass auch die damit erzielte Attribution nicht robust ist (siehe Kommentierung unter »3. Der klimageschichtliche Vergleich« zu Rn. 18). Zudem behauptet das BVerfG fälschlicherweise erneut, dass der Anstieg des CO_2-Gehalts in der Atmosphäre unumkehrbar sei. In Wirklichkeit findet ein natürlicher Abbau des CO_2 im Maßstab mehrerer Jahrzehnte statt (siehe Kommentierung unter »17. Kohlenstoffsenken« zu Rn. 32).

23. Umrechnung von CO_2 in Temperatur

Das Bundesverfassungsgericht schreibt (Rn. 216, Seite 91):

»Die Temperaturschwelle von deutlich unter 2 °C und möglichst 1,5 °C kann prinzipiell in eine entsprechende globale CO2-Emissionsmenge umgerechnet werden, die sich dann auf die Staaten verteilen lässt. Zwischen der Gesamtmenge der über alle Zeiten hinweg kumulierten anthropogenen CO2-Emissionen und der globalen Temperaturerhöhung besteht, wie gesehen, ein annähernd linearer Zusammenhang (oben Rn. 32), der eine solche Umrechnung zulässt.«

Faktencheck:

Bei dieser Umrechnung berücksichtigt das BVerfG weder die nur ungenau bekannte CO_2-Klimasensitivität, noch die unbekannte zukünftige Entwicklung der CO_2-Senken, noch die natürliche Abbaurate des CO_2 in der Atmosphäre. Zudem nimmt das BVerfG fälschlicherweise an, der Zusammenhang zwischen CO_2-Emissionen und Temperaturerhöhung sei »annähernd linear«. In Wirklichkeit ist er logarithmisch (siehe vorangegangene Kommentierungen unter »2. Die Unsicherheitsspanne der CO_2-Erwärmungswirkung« zu Rn. 17, »4. Einflussgrößen für zukünftige Erwärmung« zu Rn. 19 und »17. Kohlenstoffsenken« zu Rn. 32).

24. Budget auf null

Das Bundesverfassungsgericht schreibt (Rn. 219, Seite 93):

»**Der IPCC** hat für verschiedene Temperaturschwellen und Wahrscheinlichkeiten, diese Schwellen einzuhalten, bezifferte **Angaben zur Größe des entsprechenden globalen CO2-Restbudgets gemacht.** So hat er beispielsweise für eine 67%ige Wahrscheinlichkeit, die Erderwärmung **auf 1,5 °C zu begrenzen**, ab dem Jahr 2018 ein globales **CO2-Restbudget von 420 Gigatonnen** und für ein 2 °C-Ziel ab 2018 ein Restbudget von 1.170 Gigatonnen geschätzt. (IPCC, Special Report, Global Warming of 1.5 °C, 2018, Chapter 2, S. 108, Tab. 2.2). Auf der Grundlage der Zahlen des IPCC hat der Sachverständigenrat für das Ziel, den Anstieg der mittleren Erdtemperatur mit einer Wahrscheinlichkeit von 67 % auf 1,75 °C zu begrenzen, ein **ab 2020 verbleibendes konkretes nationales Restbudget von 6,7 Gigatonnen ermittelt** (SRU, Für eine entschlossene Umweltpolitik in Deutschland und Europa, Umweltgutachten 2020, S. 52, 88 Rn. 111).«

Faktencheck:

Der Themenkomplex des Restbudgets bis zum Überschreiten der 1,5 °C-Marke ist viel komplexer als vom BVerfG dargestellt. Laut Angaben im 5. Klimazustandsbericht des IPCC gab es bereits 2018 kein CO_2-Restbudget mehr. Die CO_2-Restbudget-Uhr des Mercator Research Institute on Global Commons and Climate Change (MCC) stand damals bereits auf null (Abb. 9).[283; 284]

Die vom BVerfG erwähnten 420 Gigatonnen wurden kurzerhand vom IPCC im Rahmen seines Sonderberichts zum 1,5-Grad-Ziel neu hinzugefügt.[285] Auf diese Weise wurden der Weltbevölkerung quasi »über Nacht« weitere 10 Jahre an CO_2-Emissionen

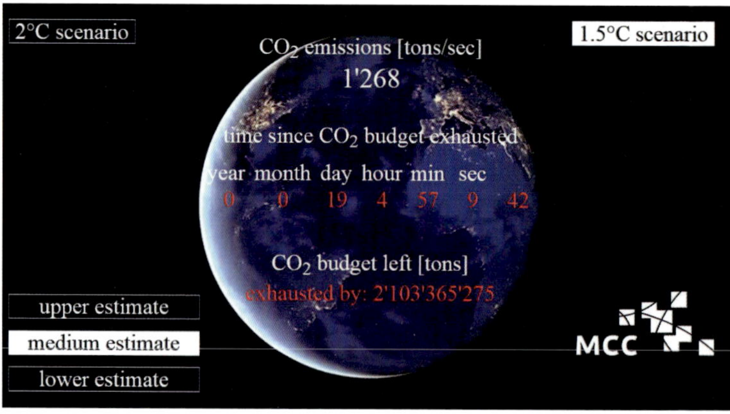

ABB. 9: Uhr des MCC mit dem CO_2-Restbudget. Screenshot 22. September 2018. Quelle: MCC[284]. Rote Zahlen bedeuten, dass das CO_2-Restbudget bereits ausgeschöpft (»exhausted«) war. Nach der erneuten Auffüllung des Budgets sind die Zahlen mittlerweile auf der MCC-Webseite wieder weiß gefärbt und ticken stetig herunter.

zugestanden, ohne dass das 1,5-Grad-Erwärmungsziel überschritten würde. Derartige Prognoseschwächen um ±420 Milliarden Tonnen CO_2 tragen nicht gerade dazu bei, das Vertrauen in die IPCC-Modelle zu stärken.

Der Hamburger Klimaforscher Jochem Marotzke vom Max-Planck-Institut für Meteorologie überraschte kurz nach Erscheinen des IPCC-Sonderberichts (SR15) von 2018 mit der Aussage, dass sich die zulässige Emission an CO_2 bis zur 1,5-Grad-Marke sogar noch weiter auf 1000 Gigatonnen erhöht hätte.[7] Ursache hierfür war die Erkenntnis, dass die Pflanzen der grüner werdenden Erde unvorhergesehenerweise mehr CO_2 aufnehmen können als bislang vermutet. Auch andere Berechnungen gehen davon aus, dass das verbleibende CO_2-Budget sogar doppelt so hoch sein könnte wie vom IPCC SR15 angenommen.[286; 287; 288]

Eine Forschergruppe um den renommierten Klimawissenschaftler Mike Hulme von der University of Cambridge legte, wie schon in »7. Die Kipppunkte« erwähnt, in einem im Oktober 2019 im

Fachblatt *WIREs Climate Change* erschienenen Leitartikel ihren Kollegen nahe, auf Kampagnen auf Basis von destruktivem »Deadline-ism« und »Too-lateness« in Zukunft zu verzichten.[106] Explizit kritisieren die Forscher die von herunterzählenden Uhren geschürte Alarmkulisse, die das verbleibende CO_2-Budget bis zum Erreichen der Pariser 1,5-Grad-Schwelle visualisieren. Mike Hulme und Kollegen nennen explizit die CO_2-Uhr des Mercator Forschungsinstituts.

Das britisch-deutsche Wissenschaftlerteam sieht solche Aktionen als politisch und gesellschaftlich riskant an. Wenn beim Ablauf der Frist die angedrohten katastrophalen Klimakonsequenzen ausblieben, würde dies die Glaubwürdigkeit der Klimawissenschaften und der hierauf aufbauenden politischen Maßnahmen in Frage stellen. Das provozierte Bild eines illusorischen sich nähernden Klimakliffs sei falsch, ebenso wie die angeblich drohende Auslöschung der Zivilisation. Vielmehr führe der Klimawandel zu langsamen und schrittweisen Veränderungen. Das wüssten auch die Forscher des IPCC, die sich trotzdem nicht öffentlich gegen die Fehlinterpretation der Ergebnisse ihres 1,5-Grad-Berichts wehrten. Mike Hulme und Kollegen erinnerten den IPCC an seine Verantwortung und forderten eine öffentliche Richtigstellung. Die falsche Auslegung der IPCC-Resultate habe bereits zur politisch motivierten, opportunistischen Ausrufung von Klimanotständen geführt.

Die in Wirklichkeit sehr problematische Bestimmung des CO_2-Restbudgets wird auch von anderen namhaften Klimawissenschaftlern thematisiert. So warnte Jochem Marotzke, dass selbst kostspielige und gesellschaftlich schmerzhafte Anstrengungen zur CO_2-Reduktion in den kommenden zwei Jahrzehnten möglicherweise kaum einen Einfluss auf das Klima haben werden.[289] Anhand von Klimamodellen simulierte Marotzke den globalen Temperaturverlauf bis 2035 und verwendete zunächst einen konventionellen Emissionsverlauf (Szenario RCP 4.5), und in einem zweiten Schritt ein reduziertes Emissionsszenario. Sein Fazit: Mit hoher Wahrscheinlichkeit wird wohl kein Unterschied zu bemerken sein, da die natürliche Klimavariabilität in diesen Zeitmaßstäben die

Oberhand behält. Marotzke sieht eine große Kommunikations-Herausforderung auf die Wissenschaftler zukommen, auf die sich auch die Politik vorbereiten sollte.

Auch Marotzkes Institutkollege Bjorn Stevens wies in einem *Spiegel*-Interview im März 2019 auf die riesigen verbleibenden Unsicherheiten hin.[290] Obwohl die Rechenleistung der Computer auf das Vielmillionenfache gestiegen ist, sei die Vorhersage der globalen Erwärmung heute so unpräzise wie eh und je. »Es ist zutiefst frustrierend« kommentiert Stevens den fehlenden Fortschritt in der Prognoseforschung. Stevens gibt weiter zu bedenken: »Unsere Computer sagen nicht einmal mit Sicherheit voraus, ob die Gletscher in den Alpen zu- oder abnehmen werden«.[290]

Die einschränkenden Aussagen der Fachexperten machen deutlich, dass der vom BVerfG gewählte simplistische Ansatz mit einer einzigen Zahl (nationales Restbudget 6,7 Gigatonnen CO_2) hochgradig fragwürdig ist. Zur politischen Entscheidungsfindung wäre eine Darstellung der gesamten Bandbreite der zukünftigen möglichen Klimaentwicklung notwendig gewesen. Hierzu hätte die nur ungenau bekannte CO_2-Klimasensitivität genauso berücksichtigt werden müssen wie die von Jochem Marotzke angeführte, schlecht modellierbare natürliche Klimavariabilität.

Da der IPCC seine früheren Prognosen nachkorrigieren muss, sollte auch die aktuelle Projektion des CO_2-Restbudgets mit einer viel größeren Skepsis behandelt werden, als es das BVerfG tut. Das Gericht hätte deutlich machen müssen, dass unter Verwendung anderer Annahmen aus dem wissenschaftlichen Möglichkeitsspektrum sogar Szenarien denkbar sind, bei denen das CO_2-Restbudget noch ein Vielfaches betragen könnte, für etliche Jahrzehnte reichend. Das BVerfG hätte konkret einen optimistischen, mittleren und pessimistischen Fall darstellen müssen, samt der dazugehörigen Randbedingungen und unterstützender Publikationen. Bei Kenntnis der vollen Sachlage wären möglicherweise andere politische Schlussfolgerungen zu ziehen.

In seiner Pressemitteilung zum Beschluss erläuterte das Gericht am 29. April 2021:

»Danach darf nicht einer Generation zugestanden werden, unter vergleichsweise milder Reduktionslast große Teile des CO2-Budgets zu verbrauchen, wenn damit zugleich den nachfolgenden Generationen eine radikale Reduktionslast überlassen und deren Leben umfassenden Freiheitseinbußen ausgesetzt würde.«

Hätte das BVerfG seinen Beschluss im Jahr 2018 (vor Veröffentlichung des 1,5-Grad-IPCC-Sonderberichts) erstellen müssen, so hätte es für das 1,5-Grad-Ziel nach damaligem Kenntnisstand kein CO_2-Restbudget mehr gegeben. Die heutige Argumentation des Gerichts, die Reduktionslast zur Minderung der Emissionen gleichmäßig auf die Generationen zu verteilen, wäre damals gar nicht möglich gewesen. Denn null Tonnen CO_2-Restbudget auf verschiedene Generationen zu verteilen, macht keinen Sinn. Selbst für die vom BVerfG gewählte 1,75-Grad-Marke gab es damals nur ein sehr geringes CO_2-Restbudget, sodass die BVerfG-Logik noch vor drei Jahren nicht richtig gegriffen hätte.

Das Beispiel zeigt, wie sehr die enormen verbleibenden Unsicherheiten im CO_2-Restbudget sogar Einfluss auf elementare Bestandteile der Begründung des Beschlusses nehmen. Wenn es kein CO_2-Restbudget gibt, dann sind sowohl heutige als auch zukünftige Generationen in ähnlicher Weise betroffen, sodass ein Verstoß gegen Art. 20a des Grundgesetzes (Schutz der Lebensgrundlage zukünftiger Generationen) schwer erkennbar ist.

Zudem ist in Frage zu stellen, ob es zutreffend ist, ein CO_2-Restbudget für die Welt durch die Bevölkerungszahl zu dividieren. Es wäre naheliegender, die unterschiedlichen Entwicklungsstände der Volkswirtschaften zu berücksichtigen und das Bruttoinlandsprodukt (BIP) als Maßstab für eine Budgetverteilung heranzuziehen. Denn eine sich noch entwickelnde Nation wie Simbabwe mit dem Exportland Deutschland zu vergleichen, erscheint nicht adäquat. Die Versorgung der Weltwirtschaft mit hocheffizienten Industriegütern kann hinsichtlich der CO_2-Budgetverteilung kaum mit einer überwiegend agrarisch strukturierten Nation gleichgestellt werden. Bei Zugrundelegung des Maßstabs

Bruttosozialprodukt würde das Restbudget für Deutschland 32 Gigatonnen CO_2 betragen, was bei einer Halbierung der heutigen Emissionen ab 2040 bis zum Ende dieses Jahrhunderts reichen würde.

25. Umgang mit Unsicherheiten

Das Bundesverfassungsgericht schreibt (Rn. 220, Seite 93):

»Die Budgetbestimmung des Sachverständigenrats beruht auf einem nachvollziehbaren Zahlenwerk und schlüssigen Rechenschritten (vgl. dazu grundsätzlich BVerfGE 125, 175 <226>; 137, 34 <75 Rn. 82>) und legt wissenschaftlich begründete Annahmen des IPCC zugrunde, die in einem qualitätssichernden Verfahren gewonnen wurden. Sie **enthält aber nicht unerhebliche Unsicherheiten hinsichtlich der Größe des globalen (aa) und des nationalen (bb) Restbudgets und lässt daher rechtlich keine zahlengenaue Schlussfolgerung zu**. Die Unsicherheiten gehen dabei in beide Richtungen; tatsächlich **könnte das Restbudget also auch kleiner sein als vom Sachverständigenrat angenommen (cc)**. Auf den Schätzungen des IPCC-Sonderberichts gründende Hinweise auf irreversible Beeinträchtigungen sind hier auch dann zu berücksichtigen, wenn sie nicht umfassend gesicherte wissenschaftliche Erkenntnis darstellen (dd).«

Faktencheck:

Wie zuvor kommentiert (unter »8. Die zu erwartende Erwärmung bis 2100« zu Rn. 22 und »24. Budget auf null« zu Rn. 219), hätte das BVerfG die Unsicherheiten besser quantifizieren müssen, um Entscheidern die gesamte Bandbreite an Möglichkeiten und Abhängigkeiten offenzulegen. Das Gericht schreibt korrekt, dass die Unsicherheiten »in beide Richtungen« gehen. Allerdings wird im Anschluss erneut nur der pessimistische Fall genannt, nämlich dass »das Restbudget also auch kleiner sein [könnte] als vom Sachverständigenrat angenommen«. Der optimistische Fall, dass das Restbudget noch weit bis 2100 reichen könnte, wird nicht explizit ausgeführt. Die einseitige Darstellung seitens des BVerfG ist auffällig und passt keinesfalls zur eigentlichen Aufgabe, unabhängig und ergebnisoffen Recht zu sprechen.

26. Abwägung von Unsicherheiten

Das Bundesverfassungsgericht schreibt (Rn. 222, Seite 93+94):

»**Der IPCC weist dabei selbst auf nicht unerhebliche Ungewissheiten hin.** Zwar können die Gesamtmenge der anthropogenen Emissionen des wichtigsten Treibhausgases CO2 und die globale Temperaturerhöhung unstreitig prinzipiell ineinander umgerechnet werden. Die Beurteilung der **Stärke des Zusammenhangs zwischen kumulierten Emissionen und Erwärmung ist jedoch aufgrund der Komplexität des Klimasystems mit Unsicherheiten verbunden.** Unsicherheiten bestehen bezüglich der **Klimareaktion auf Treibhausgasemissionen und werden für das globale Budget vom IPCC mit möglichen Abweichungen in beide Richtungen um 400 Gigatonnen CO2 beziffert**; Unsicherheiten bezüglich des **tatsächlichen Grads der historischen Erwärmung könnten in beide Richtungen eine Abweichung um 250 Gigatonnen CO2 ausmachen**; eine potenzielle zusätzliche Freisetzung von CO2 durch künftiges Tauen von Permafrost und Methanfreisetzung aus Feuchtgebieten würde das Budget um bis zu 100 Gigatonnen CO2 weiter reduzieren; außerdem könnte das Ausmaß der künftigen Minderung anderer Treibhausgase als CO2 das verbleibende CO2-Budget in beide Richtungen um 250 Gigatonnen CO2 verändern; unklar ist auch, inwiefern künftig CO2-Extraktionen aus der Atmosphäre (sogenannte negative Emissionen) möglich werden könnten (zu alledem IPCC, Sonderbericht, 1,5 °C Globale Erwärmung, Zusammenfassung für politische Entscheidungsträger, 2018, S. 16 f.; siehe auch SRU, Für eine entschlossene Umweltpolitik in Deutschland und Europa, Umweltgutachten 2020, S. 44 f. Rn. 16 ff.). Setzt man diese für möglich gehaltenen Abweichungen ins Verhältnis dazu, dass der IPCC für eine 67%ige Zielerreichungswahrscheinlichkeit hinsichtlich des Ziels, die Erderwärmung auf 1,5 °C zu begrenzen, ab dem Jahr 2018 ein globales CO2-Restbudget von 420 Gigatonnen und für ein 2 °C-Ziel ab 2018 ein Restbudget von 1.170 Gigatonnen veranschlagt, **sind diese Unsicherheiten erheblich.**«

Faktencheck:

Es ist zu begrüßen, dass das BVerfG an dieser Stelle die Unsicherheiten mit Referenz auf IPCC spezifiziert. Allerdings sind die Unsicherheiten in Wirklichkeit viel größer als vom IPCC angenommen. Allein zwischen 2013 und 2018 hob der IPCC das CO_2-Restbudget für das 1,5-Grad-Ziel um 420 Gigatonnen an (siehe Kommentierung unter »24. Budget auf null« zu Rn. 219). Berücksichtigt man die volle Unsicherheitsspanne der CO_2-Klimasensitivität, so ergibt sich im optimistischen Fall ein CO_2-Restbudget, das beim aktuellen Emissionsniveau noch etliche Jahrzehnte ausreichen würde (siehe Kommentierung unter »8. Die zu erwartende Erwärmung bis 2100« zu Rn. 22). Die Darstellung des CO_2-Restbudgets durch eine einzige Zahl und einer »67%igen Zielerreichungswahrscheinlichkeit« ist unangemessen. Dies verdeckt die große verbleibende Unsicherheit, die vollständiger und transparenter hätte quantifiziert werden müssen.

27. Verlässlichkeit des IPCC

Das Bundesverfassungsgericht schreibt (Rn. 223, Seite 94):

»**Genauere, ähnlich belastbare Daten wie die Schätzungen dieses IPCC-Sonderberichts liegen indessen nicht vor. Es ist kein Grund ersichtlich, an der Schätzung des IPCC jenseits der ausgewiesenen Unsicherheiten zu zweifeln.** Die Beschwerdeführenden sehen zwar Anhaltspunkte dafür, dass die Schätzung des IPCC zu großzügig ist. Sie bezweifeln jedoch nicht, dass diese den aktuellen Wissensstand belastbar abbildet. Das tut auch die Bundesregierung nicht. Sie hält die Ungewissheiten nur für zu groß, als dass aus dieser Schätzung etwas gefolgert werden könnte.«

Faktencheck:

Das BVerfG stellt die Daten des IPCC-Berichts als unanfechtbar dar. Wie in den Kommentierungen zu den Randnummern 22 (»8. Die zu erwartende Erwärmung bis 2100«) und 219 (»24. Budget auf null«) dargestellt, versäumt es der IPCC, die ganze Bandbreite des Möglichkeitsspektrums darzustellen. Insofern hätte das BVerfG kritischer mit den IPCC-Zahlen umgehen müssen. Die Tatsache, dass das Restbudget aus dem IPCC AR5 bereits 2018 abgelaufen war und dann kurzfristig wieder aufgestockt wurde, hätte vom BVerfG berücksichtigt werden müssen, da es die Verlässlichkeit der IPCC-Schätzungen in Frage stellt.

28. Die Bestimmung des nationalen Anteils durch den SRU

Das Bundesverfassungsgericht schreibt (Rn. 225, Seite 94):

»So kommen für die Bestimmung des nationalen Anteils an dem globalen CO2-Restbudget verschiedene Aufteilungskriterien in Betracht. Der Sachverständigenrat hat für seine Empfehlungen den **Ansatz eines Pro-Kopf-Emissionsrechts**, also eine Verteilung nach der aktuellen Bevölkerungszahl gewählt und legt demgemäß den Anteil der deutschen Bevölkerung an der gesamten Weltbevölkerung von 1,1 % im Jahr 2016 zugrunde.«

Faktencheck:

Der Sachverständigenrat für Umweltfragen (SRU) hatte in seinem 2020-Gutachten auf Seite 46 das Budget des IPCC von 2018 zur Einhaltung eines Ziels von 1,75 °C mit 800 Gigatonnen CO_2 über-

Globale CO_2-Budgets aus dem IPCC-Sonderbericht

Erderwärmung in °C	Verbleibendes CO_2-Budget (ohne zusätzliche Rückwirkungen im Erdsystem) in Gt CO_2 ab 01.01.2018	
	50 % Wahrscheinlichkeit der Zielerreichung	67 % Wahrscheinlichkeit der Zielerreichung
1,5	580	420
1,75	1.040	800

SRU 2020; Datenquelle: IPCC 2018b, Tab. 2.2

ABB. 10: CO_2-Restbudget gemäß SRU,[6] vom BVerfG verwendet.

nommen (Abb. 10).[6] Diese Größe teilt der SRU durch die anteilige Bevölkerung und kommt zu 6,7 Gigatonnen CO_2, die Deutschland noch ausstoßen darf. Allerdings hätte der SRU mit einer Spanne und nicht einem Einzelwert rechnen müssen (siehe Kommentierung unter »27. Verlässlichkeit des IPCC« zu Rn. 223). Zudem wäre eine Berücksichtigung der unterschiedlichen Entwicklungsstände der Volkswirtschaften notwendig gewesen.

29. Negativemissionstechnologien

Das Bundesverfassungsgericht schreibt (Rn. 227, Seite 95):

»Auch eine **Erweiterung des nationalen Restbudgets durch sogenannte Negativemissionstechnologien kommt in Betracht** (vgl. hierzu etwa das Kohlendioxid-Speicherungsgesetz vom 17. April 2012 <BGBl I S. 1726>). **Inwiefern Negativemissionstechnologien über einzelne Anwendungen hinaus in großem Umfang eingesetzt werden, ist heute jedoch angesichts ökologischer, technischer, wirtschaftlicher, politischer und sozialer Bedenken – ungeachtet der verfassungsrechtlichen Fragen, die hierdurch aufgeworfen werden könnten – noch nicht absehbar** (oben Rn. 33).«

Faktencheck:

Erneut äußert sich das BVerfG äußerst skeptisch zum Einsatz von CCS (Carbon Capture and Storage) als Negativemissionstechnologie. Dabei ignoriert das Gericht, dass international die CCS-Industrie derzeit stark expandiert und kurz vor der großmaßstäblichen Kommerzialisierung steht (siehe Kommentierung unter »18. Carbon Capture and Storage« zu Rn. 33).

30. Quantifizierung der Unsicherheiten

Das Bundesverfassungsgericht schreibt (Rn. 228, Seite 95):

»**Dass die Berechnung des Sachverständigenrats Unsicherheiten und Wertungen enthält, lässt allerdings nicht etwa darauf schließen, dass tatsächlich eher weitergehende Emissionsmöglichkeiten verblieben.** Die Unsicherheiten bei der Bestimmung des globalen Restbudgets und dessen Verteilung auf die Staaten gehen in beide Richtungen, könnten also auch zu einer zu großzügigen Schätzung geführt haben. Insgesamt ist danach **zwar nicht auszuschließen, dass Deutschland tatsächlich ein größeres Restbudget bleiben könnte**. Ebenso möglich erscheint jedoch, dass das verbleibende Budget noch geringer ist.«

Faktencheck:

Vor dem Hintergrund der möglichen Freiheitseinschränkungen und der durch die Entscheidung des Gerichts resultierenden Wohlstandsverluste wäre es die Pflicht des BVerfG gewesen, die Unsicherheiten klar zu quantifizieren, anstatt es bei diesen allgemeinen Aussagen zu belassen. Das BVerfG hat es unterlassen, seine einseitigen Klimaerkenntnisse abzuwägen gegen den drohenden Verlust von Wirtschaftskraft, Arbeitsplätzen, sozialer Gerechtigkeit und finanzieller Stabilität des Gemeinwesens.

31. Verengung auf ein Restbudget

Das Bundesverfassungsgericht schreibt (Rn. 233, Seite 97):

»**Nach 2030 verbliebe danach von dem vom Sachverständigenrat ermittelten CO2-Restbudget von 6,7 Gigatonnen weniger als 1 Gigatonne.** Dabei sind in Anlage 2 zu § 4 KSG noch nicht die zusätzlichen CO2-Emissionen aus Landnutzung, Landnutzungsänderung und Forstwirtschaft und die Deutschland zuzurechnenden Emissionen des internationalen Luft- und Seeverkehrs enthalten (vgl. BTDrucks 19/14337, S. 26 f.), die das verbleibende Budget zusätzlich schmälern.«

Faktencheck:

Bei Annahme einer niedrigen CO_2-Klimasensitivität, wie sie z. B. vom Hamburger Max-Planck-Institut angenommen wird, wären das CO_2-Restbudget deutlich höher und die politischen Schlussfolgerungen wahrscheinlich gänzlich andere. Die Verengung auf ein Restbudget von 1 Gigatonne CO_2 ist in Anbetracht der Unsicherheiten als missbräuchliche Vorgabe für die Politik zu bezeichnen.

32. Wie realistisch ist das Restbudget?

Das Bundesverfassungsgericht schreibt (Rn. 234, Seite 97):

»Zur Wahrung der Budgetgrenzen müsste demzufolge nach 2030 alsbald Klimaneutralität realisiert werden. Dass dies gelingen könnte, ist aber nicht wahrscheinlich. Nach dem im Klimaschutzgesetz vorgesehenen Reduktionspfad soll das Emissionsniveau im Jahr 2030 zwar im Vergleich zu 1990 um 55 % gemindert sein (§ 3 Abs. 1 Satz 2 KSG). Das Emissionsniveau ist damit aber noch bei weitem nicht klimaneutral. Realistischerweise wird die Umstellung auf Klimaneutralität dann, von freiheitsrechtlichen Hindernissen abgesehen, allein aus technischen Gründen noch einige Zeit in Anspruch nehmen. Ein Restbudget von 6,7 Gigatonnen CO2-Emissionen würde wohl überschritten. Richtete man die Bestimmung des nationalen Restbudgets indessen an einer etwas großzügigeren Temperaturmaßgabe zwischen 1,75 °C und 2 °C aus, erschiene die Einhaltung des nach der Methode des Sachverständigenrats ermittelten nationalen Restbudgets hingegen nicht ausgeschlossen. Dabei reicht ein nach 2030 verbleibendes Budget umso länger aus, je stärker die Jahresemissionsmengen nach 2030 kontinuierlich weiter abgesenkt werden.«

Faktencheck:

Die Argumentationskette baut weiter auf der simplistischen Annahme eines angeblichen CO_2-Restbudgets von 1 Gigatonne auf. Dabei werden alle abweichenden wissenschaftlichen Argumente und Meinungen ausgespart, die ein größeres Restbudget annehmen lassen.

33. Die Bedeutung der Temperaturschwelle

Das Bundesverfassungsgericht schreibt (Rn. 235, Seite 97):

»**Allerdings hat der Sachverständigenrat das nationale Restbudget, indem er ihm als Temperaturschwelle 1,75 °C zugrunde gelegt hat, nicht übermäßig streng bestimmt.** Die rechtliche Maßgabe lautet, die Erwärmung auf deutlich unter 2 °C und möglichst auf 1,5 °C zu begrenzen. Eine Begrenzung bei 1,75 °C liegt danach zwar im Bereich des rechtlich Zulässigen, realisiert aber nicht die aufgegebene Anstrengung, den Temperaturanstieg auf 1,5 °C zu begrenzen (vgl. auch Art. 2 Abs. 1 lit. a PA). Für eine höhere Schwelle zwischen 1,75 °C und 2 °C gilt das erst recht.«

Faktencheck:

Das 1,5-Grad-Ziel wurde unter anderem gewählt, um Bedenken zu möglichen Kipppunkten zu begegnen. Da zu diesen jedoch kein Konsens in der Wissenschaft herrscht, ist es fragwürdig, dass das ursprüngliche 2-Grad-Ziel überhaupt auf 1,5 Grad verschärft wurde.

Ein wichtiger Bericht zur Rechtfertigung des 1,5-Grad-Ziels erschien 2014 zwar offiziell als neutraler Weltbankbericht.[291] Verfasser waren jedoch neben dem Potsdam-Institut für Klimafolgenforschung (PIK) auch der Greenpeace-nahe Berliner Thinktank Climate Analytics (CA). Er wurde 2008 am PIK Potsdam von Bill Hare, Malte Meinshausen und Michiel Schaeffer gegründet. Alle drei Gründer besitzen eine Greenpeace-Vergangenheit. Finanziert wird Climate Analytics unter anderem über die Klimaaktivistenorganisation European Climate Foundation (ECF), Greenpeace, sowie Bundesministerien (BMBF, BMU) und UBA.

Die Verbandelung von Wissenschaft, Aktivisten und Politik steht einer unabhängigen Forschung entgegen. Insofern muss die Verschärfung des Klimaziels von 2 auf 1,5 Grad kritisch gesehen werden. Wenn das BVerfG nun »großzügig« einen Mittelwert von 1,75 °C wählt, ist dies immer noch gegenüber den ursprünglich international anerkannten 2 Grad ein strengerer Ansatz als möglicherweise notwendig.

34. Planungshorizont jenseits 2030

Das Bundesverfassungsgericht schreibt (Rn. 253, Seite 103):

»**Verfassungsrechtlich unerlässlich ist aber zum einen, dass weitere Reduktionsmaßgaben rechtzeitig über das Jahr 2030 hinaus und zugleich hinreichend weit in die Zukunft hinein festgelegt werden** (dazu nachdrücklich Irischer Supreme Court, Urteil vom 31. Juli 2020, 205/19, Ziffer 6.45 ff.; vgl. generell zu einem ökologischen Rechtzeitigkeitsgebot Schulze-Fielitz, in: Dreier, GG, 3. Aufl. 2015, Art. 20a Rn. 72). **Nur so kann ein Planungshorizont entstehen**, vor dem Anreiz und Druck erwachsen, die erforderlichen, teils langwierigen Entwicklungen in großer Breite in Gang zu setzen. Dass diese Entwicklungen bald beginnen, ist erforderlich, um künftige Freiheit nicht plötzlich, radikal und ersatzlos beschneiden zu müssen.«

Faktencheck:

Angesichts der zahlreichen verbleibenden Unsicherheiten im komplexen Klimasystem, die z.T. auch vom BVerfG eingeräumt werden, wäre auch ein ganz anderer Ansatz denkbar. Anstatt jetzt schon auf unsicherer fachlicher Grundlage weit und verbindlich in die Zukunft zu planen, hätte das Gericht eine regelmäßige Überprüfung der globalen Temperaturentwicklung und des wissenschaftlichen Kenntnisstandes zur CO_2-Klimasensitivität fordern können.

Überraschungen in der Temperaturentwicklung gab es bereits. In den ersten anderthalb Jahrzehnten des neuen Jahrtausends kam die globale Erwärmung nahezu zum Stillstand. Die globale Durchschnittstemperatur stagnierte, weshalb die Zeit 2000–2014 auch als »Hiatus« bezeichnet wird. Zahlreiche Forschergruppen bestätigten und analysierten das unerwartet eingetretene Phänomen.[292; 293; 294; 295] Keines der gängigen Klimamodelle hatte die Erwärmungspause prognostiziert.

Ob sich eine solche Entwicklung wiederholen könnte? Im Rahmen des vom deutschen Bundesministerium für Bildung und Forschung (BMBF) geförderten MiKlip-Projektes wurden Mittelfristvorhersagen der globalen Temperatur für sieben Jahre im Voraus erstellt.[296] Für die 2020er-Jahre prognostizierte MiKlip interes-

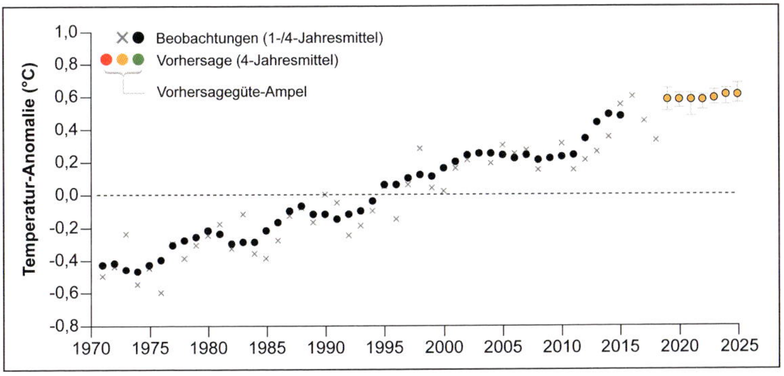

ABB. 11: Mittelfrist-Vorhersage der globale Temperatur ab 2019 durch das MiKlip-Projekt.[296]

santerweise eine Erwärmungspause (Abb. 11), ähnlich wie bereits in den ersten Jahren des 21. Jahrhunderts. Laut Vorhersage soll sich dieser neue »Hiatus« auf dem Wärme-Niveau des El Niño von 2015/16 abspielen.

Auch eine Gruppe um James Hansen und Gavin Schmidt vom NASA Goddard Institute for Space Studies in New York City geht von einer erneuten Erwärmungspause in den kommenden Jahren aus.[297] Ist sich das BVerfG darüber bewusst, dass es mit derart weitreichenden Festlegungen bis zum Jahr 2050, basierend auf dem IPCC-Kenntnisstand des Jahres 2021, schon in einigen Jahren widerlegt werden kann?

35. Erzeugung von Planungsdruck

Das Bundesverfassungsgericht schreibt (Rn. 254, Seite 104):

»**Zum anderen müssen weitere Jahresemissionsmengen und Reduktionsmaßgaben so differenziert festgelegt werden, dass eine hinreichend konkrete Orientierung entsteht.** Erst dies erzeugt den erforderlichen Planungsdruck, weil nur so erkennbar wird, dass und welche Produkte und Verhaltensweisen im weitesten Sinne schon bald erheblich umzugestalten sind. Wenn im Einzelnen konkret erkennbar ist, dass, wann und wie die Möglichkeit endet, Treibhausgas zu emittieren, wächst die Wahrscheinlichkeit, dass klimaneutrale Technologien und Verhaltensweisen diesem Entwicklungspfad entsprechend zügig etabliert werden.«

Faktencheck:

Das BVerfG möchte »Planungsdruck« erzeugen und »Verhaltensweisen« ändern. An einer neutralen Darstellung der Klimagefahrenlage war dem Gericht vermutlich nie gelegen. Stattdessen hat sich das BVerfG offensichtlich die Sichtweise der Klägerseite zu eigen gemacht und blendet systematisch alles aus, was die Klimagefahr relativieren könnte.

Eine differenzierte Festlegung der CO_2-Reduktion in den Sektoren der Volkswirtschaft zu verlangen, ist gesamtwirtschaftlich abträglich. Wenn es um die CO_2-Minderung geht, ist die einzig vernünftige marktwirtschaftliche Strategie, den CO_2-Ausstoß pro Tonne zu bepreisen. Das hieße aber beispielsweise, den Automobilsektor vollständig von einer CO_2-Regulierung auszuschließen, da die Kosten der Vermeidung von einer Tonne CO_2 dort in der Größenordnung von 600–2000 Euro pro Tonne liegen. Im Stromsektor hingegen ist dies um ein Vielfaches günstiger, mit Vermeidungskosten von etwa 50 Euro pro Tonne CO_2.[298]

Quellenverzeichnis

1. Bundesverfassungsgericht (2021): Leitsätze zum Beschluss des Ersten Senats vom 24. März 2021, https://www.bundesverfassungsgericht.de/SharedDocs/Entscheidungen/DE/2021/03/rs20210324_1bvr265618.html
2. Rahmstorf, S., Schellnhuber, H. J. (2019): Der Klimawandel. 9. Auflage, C.H. Beck Wissen.
3. Umweltbundesamt (2021): Neue Analyse zeigt Risiken der Erderhitzung für Deutschland, 14.6.2021, https://www.umweltbundesamt.de/presse/pressemitteilungen/neue-analyse-zeigt-risiken-der-erderhitzung-fuer
4. *Frankfurter Neue Presse* (2021): Bastian Bergerhoff: Der heimliche Herrscher der Grünen. 19.5.2021, https://www.fnp.de/frankfurt/bastian-bergerhoff-der-heimliche-herrscher-der-gruenen-90653293.html
5. Bergerhoff, B. (2020): 2021 – Jahr des Wandels. 29.12.2020, https://www.bastian-bergerhoff.de/2020/12/29/2021-jahr-des-wandels/
6. Sachverständigenrat für Umweltfragen (2020): Für eine entschlossene Umweltpolitik in Deutschland und Europa. Seite 46 in Kapitel 2: Pariser Klimaziele erreichen mit dem CO2-Budget. https://www.umweltrat.de/SharedDocs/Downloads/DE/01_Umweltgutachten/2016_2020/2020_Umweltgutachten_Entschlossene_Umweltpolitik.pdf?__blob=publicationFile&v=31
7. *Der Spiegel* (2018): »Galgenfrist verlängert«, 5.10.2018, https://www.spiegel.de/wissenschaft/klimawandel-galgenfrist-verlaengert-a-00000000-0002-0001-0000-000159786817
8. Bundesrechnungshof (2021): Bericht nach § 99 BHO zur Umsetzung der Energiewende im Hinblick auf die Versorgungssicherheit und Bezahlbarkeit bei Elektrizität. 30.3.2021. https://www.bundesrechnungshof.de/de/veroeffentlichungen/produkte/

sonderberichte/2021/bund-steuert-energiewende-weiterhin-unzureichend

9. IPCC (2021): IPCC Prodecures, https://www.ipcc.ch/documentation/procedures/
10. Leifeld, P., Fisher, D. R. (2017): Membership nominations in international scientific assessments: *Nature Climate Change* 7 (10), 730–735.
11. Kaiser, J. (2005): Scientist quits IPCC panel over comments: *Science* 307 (5709), 501.
12. *Der Spiegel* (2014): Angebliche Panikmache: Führender Forscher verlässt Spitze des Welt-Klimarats. 26.3.2014, https://www.spiegel.de/wissenschaft/natur/streit-um-ipcc-klimabericht-der-uno-richard-tol-ruecktritt-a-960818.html
13. Laframboise, D. (2011): The deliquent teenager who was mistaken for the world's Top climate expert, Toronto, Ivy Avenue Press.
14. IPCC (2007): 4. Klimazustandsbericht, Arbeitsgruppe 2, Kapitel 10.6.2, Seite 493, https://www.ipcc.ch/site/assets/uploads/2018/02/ar4-wg2-chapter10-2.pdf
15. *NZZ* (2010): »Klimapolitik verteilt das Weltvermögen neu«, Interview mit Prof. Dr. Ottmar Edenhofer (PIK), 13.11.2010, https://www.nzz.ch/klimapolitik_verteilt_das_weltvermoegen_neu-1.8373227
16. Green Climate Fund (2021): https://www.greenclimate.fund/
17. Otto, A., Otto, F. E. L., Boucher, O., Church, J., Hegerl, G., Forster, P. M., Gillett, N. P., Gregory, J., Johnson, G. C., Knutti, R., Lewis, N., Lohmann, U., Marotzke, J., Myhre, G., Shindell, D., Stevens, B., Allen, M. R. (2013): Energy budget constraints on climate response: *Nature Geosci* 6 (6), 415–416.
18. Mauritsen, T., Stevens, B. (2015): Missing iris effect as a possible cause of muted hydrological change and high climate sensitivity in models: *Nature Geosci* 8 (5), 346–351.
19. Bony, S., Stevens, B., Coppin, D., Becker, T., Reed, K. A., Voigt, A., Medeiros, B. (2016): Thermodynamic control of anvil cloud amount: *Proceedings of the National Academy of Sciences* 113 (32), 8927–8932.
20. Mauritsen, T., Pincus, R. (2017): Committed warming inferred from observations: *Nature Climate Change* 7, 652–655.

21. Max-Planck-Institut für Meteorologie (2016): Klimasensitivität – Ein Maß für den Klimawandel und eine große wissenschaftliche Herausforderung: *30.5.2016,* https://www.mpimet.mpg.de/kommunikation/aktuelles/im-fokus/klimasensitivitaet/
22. Lewis, N. (2013): An Objective Bayesian Improved Approach for Applying Optimal Fingerprint Techniques to Estimate Climate Sensitivity: *Journal of Climate* 26 (19), 7414–7429.
23. Lewis, N., Curry, J. A. (2015): The implications for climate sensitivity of AR5 forcing and heat uptake estimates: *Climate Dynamics* 45 (3–4), 1009–1023.
24. Lewis, N., Curry, J. (2018): The Impact of Recent Forcing and Ocean Heat Uptake Data on Estimates of Climate Sensitivity: *Journal of Climate* 31 (15), 6051–6071.
25. Zeng, X., Geil, K. (2016): Global warming projection in the 21st century based on an observational data-driven model: *Geophysical Research Letters* 43 (20), 10,947–910,954.
26. Schmittner, A., Urban, N. M., Shakun, J. D., Mahowald, N. M., Clark, P. U., Bartlein, P. J., Mix, A. C., Rosell-Melé, A. (2011): Climate Sensitivity Estimated from Temperature Reconstructions of the Last Glacial Maximum: *Science* 334 (6061), 1385–1388.
27. von der Heydt, A. S., Köhler, P., van de Wal, R. S. W., Dijkstra, H. A. (2014): On the state dependency of fast feedback processes in (paleo) climate sensitivity: *Geophysical Research Letters* 41 (18), 6484–6492.
28. Masters, T. (2014): Observational estimate of climate sensitivity from changes in the rate of ocean heat uptake and comparison to cmIP5 models: *Climate Dynamics* 42 (7–8), 2173–2181.
29. Johansson, D. J. A., O'Neill, B. C., Tebaldi, C., Häggström, O. (2015): Equilibrium climate sensitivity in light of observations over the warming hiatus: *Nature Climate Change* 5 (5), 449–453.
30. van Hateren, J. H. (2013): A fractal climate response function can simulate global average temperature trends of the modern era and the past millennium: *Climate Dynamics* 40 (11–12), 2651–2670.
31. Loehle, C. (2014): A minimal model for estimating climate sensitivity: *Ecological Modelling* 276, 80–84.
32. Skeie, R. B., Berntsen, T., Aldrin, M., Holden, M., Myhre, G. (2014): A lower and more constrained estimate of climate

sensitivity using updated observations and detailed radiative forcing time series: *Earth Syst. Dynam.* 5 (1), 139–175.
33. Ring, M. J., Lindner, D., Cross, E. F., Schlesinger, M. E. (2012): Causes of the Global Warming Observed since the 19th Century: *Atmospheric and Climate Sciences* 2 (4), 401–415.
34. The Research Council of Norway (2013): Global warming less extreme than feared? New estimates from a Norwegian project on climate calculations: *25.1.2013,* https://www.sciencedaily.com/releases/2013/01/130125103927.htm
35. Loehle, C. (2015): Global Temperature Trends Adjusted for Unforced Variability: *Universal Journal of Geoscience* 3 (6), 183–187.
36. Spencer, R. W., Braswell, W. D. (2014): The role of ENSO in global ocean temperature changes during 1955–2011 simulated with a 1D climate model: *Asia-Pacific Journal of Atmospheric Sciences* 50 (2), 229–237.
37. Asten, M. W. (2012): Estimate of climate sensitivity from carbonate microfossils dated near the Eocene-Oligocene global cooling: *Clim. Past Discuss.* 2012, 4923–4939.
38. Bates, J. R. (2016): Estimating climate sensitivity using two-zone energy balance models: *Earth and Space Science* 3 (5), 207–225.
39. Proistosescu, C., Huybers, P. J. (2017): Slow climate mode reconciles historical and model-based estimates of climate sensitivity: *Science Advances* 3 (7), e1602821.
40. Tan, I., Storelvmo, T., Zelinka, M. D. (2016): Observational constraints on mixed-phase clouds imply higher climate sensitivity: *Science* 352 (6282), 224–227.
41. Snyder, C. W. (2016): Evolution of global temperature over the past two million years: *Nature* 538 (7624), 226–228.
42. Jiménez-de-la-Cuesta, D., Mauritsen, T. (2019): Emergent constraints on Earth's transient and equilibrium response to doubled CO_2 from post-1970s global warming: *Nature Geoscience* 12 (11), 902–905.
43. Brown, P. T., Li, W., Cordero, E. C., Mauget, S. A. (2015): Comparing the model-simulated global warming signal to observations using empirical estimates of unforced noise: *Scientific Reports* 5, 9957.

44. Cox, P. M., Huntingford, C., Williamson, M. S. (2018): Emergent constraint on equilibrium climate sensitivity from global temperature variability: *Nature* 553 (7688), 319–322.
45. Retallack, G. J. (2013): Permian and Triassic greenhouse crises: *Gondwana Research* 24 (1), 90–103.
46. Harde, H. (2017): Radiation Transfer Calculations and Assessment of Global Warming by CO_2: *International Journal of Atmospheric Sciences,* https://www.hindawi.com/journals/ijas/2017/9251034/
47. Specht, E., Redemann, T., Lorenz, N. (2016): Simplified mathematical model for calculating global warming through anthropogenic CO_2: *International Journal of Thermal Sciences* 102, 1–8.
48. Lüning, S. (2020): Ein Blick hinter die Kulissen des IPCC-Spezialberichts zum 1,5-Grad-Ziel, https://www.youtube.com/watch?v=xbxgZnjTBTQ
49. Lüning, S. (2021): IPCC SROCC Bericht: Was ist aus meinen Gutachterkommentaren geworden?, https://www.youtube.com/watch?v=NhgeeqJ8KrE&t=304s : *Klimaschau 23.*
50. Mangini, A. (2007): Ihr kennt die wahren Gründe nicht: *FAZ, 5.4.2007,* https://www.faz.net/aktuell/wissen/klima/weltklimabericht-ihr-kennt-die-wahren-gruende-nicht-1433559.html
51. PAGES 2k Consortium (2019): Consistent multidecadal variability in global temperature reconstructions and simulations over the Common Era: *Nature Geoscience* 12 (8), 643–649.
52. Marcott, S. A., Shakun, J. D., Clark, P. U., Mix, A. C. (2013): A Reconstruction of Regional and Global Temperature for the Past 11,300 Years: *Science* 339 (6124), 1198–1201.
53. Moschen, R., Kühl, N., Peters, S., Vos, H., Lücke, A. (2011): Temperature variability at Dürres Maar, Germany during the Migration Period and at High Medieval Times, inferred from stable carbon isotopes of Sphagnum cellulose: *Clim. Past* 7, 1011–1026.
54. Mangini, A., Spötl, C., Verdesa, P. (2005): Reconstruction of temperature in the Central Alps during the past 2000 yr from a delta18O stalagmite record: *Earth and Planetary Science Letters* 235, 741–751.
55. Berke, M. A., Johnson, T. C., Werne, J. P., Schouten, S., Sinninghe Damsté, J. S. (2012): A mid-Holocene thermal maximum at the

end of the African Humid Period: *Earth and Planetary Science Letters* 351–352, 95–104.

56. Lüning, S., Gałka, M., Danladi, I. B., Adagunodo, T. A., Vahrenholt, F. (2018): Hydroclimate in Africa during the Medieval Climate Anomaly: *Palaeogeography, Palaeoclimatology, Palaeoecology* 495, 309–322.
57. Elbert, J., Wartenburger, R., von Gunten, L., Urrutia, R., Fischer, D., Fujak, M., Hamann, Y., Greber, N. D., Grosjean, M. (2013): Late Holocene air temperature variability reconstructed from the sediments of Laguna Escondida, Patagonia, Chile (45°30'S): *Palaeogeography, Palaeoclimatology, Palaeoecology* 369, 482–492.
58. IPCC (2013): Chapter 5.3.5.3: Comparing Reconstructions and Simulations, Climate Change 2013: The Physical Science Basis. Contribution of Working Group I to the Fifth Assessment Report of the Intergovernmental Panel on Climate Change: Cambridge, United Kingdom and New York, NY, USA, Cambridge University Press, S. 412–415.
59. Büntgen, U., Krusic, P. J., Verstege, A., Sangüesa-Barreda, G., Wagner, S., Camarero, J. J., Ljungqvist, F. C., Zorita, E., Oppenheimer, C., Konter, O., Tegel, W., Gärtner, H., Cherubini, P., Reinig, F., Esper, J. (2017): New Tree-Ring Evidence from the Pyrenees Reveals Western Mediterranean Climate Variability since Medieval Times: *Journal of Climate* 30 (14), 5295–5318.
60. Wilson, R., Anchukaitis, K., Briffa, K. R., Büntgen, U., Cook, E., D'Arrigo, R., Davi, N., Esper, J., Frank, D., Gunnarson, B., Hegerl, G., Helama, S., Klesse, S., Krusic, P. J., Linderholm, H. W., Myglan, V., Osborn, T. J., Rydval, M., Schneider, L., Schurer, A., Wiles, G., Zhang, P., Zorita, E. (2016): Last millennium northern hemisphere summer temperatures from tree rings: Part I: The long term context: *Quaternary Science Reviews* 134, 1–18.
61. Luterbacher, J., Werner, J. P., Smerdon, J. E., Fernández-Donado, L., González-Rouco, F. J., Barriopedro, D., Ljungqvist, F. C., Büntgen, U., Zorita, E., Wagner, S., Esper, J., McCarroll, D., Toreti, A., Frank, D., Jungclaus, J. H., Barriendos, M., Bertolin, C., Bothe, O., Brázdil, R., Camuffo, D., Dobrovolný, P., Gagen, M., García-Bustamante, E., Ge, Q., Gómez-Navarro, J. J., Guiot, J., Hao, Z., Hegerl, G. C., Holmgren, K., Klimenko, V. V., Martín-Chivelet,

J., Pfister, C., Roberts, N., Schindler, A., Schurer, A., Solomina, O., Gunten, L. v., Wahl, E., Wanner, H., Wetter, O., Xoplaki, E., Yuan, N., Zanchettin, D., Zhang, H., Zerefos, C. (2016): European summer temperatures since Roman times: *Environmental Research Letters* 11 (2), 024001.

62. Fernández-Donado, L., González-Rouco, J. F., Raible, C. C., Ammann, C. M., Barriopedro, D., García-Bustamante, E., Jungclaus, J. H., Lorenz, S. J., Luterbacher, J., Phipps, S. J., Servonnat, J., Swingedouw, D., Tett, S. F. B., Wagner, S., Yiou, P., Zorita, E. (2013): Large-scale temperature response to external forcing in simulations and reconstructions of the last millennium: *Clim. Past* 9 (1), 393–421.
63. IPCC (2013): Klimaänderung 2013: Wissenschaftliche Grundlagen. Zusammenfassung für politische Entscheidungsträger (deutsche Übersetzung): http://www.climatechange2013.org/report/wgi-ar5-translations-other/
64. Kaya, Y., Yamaguchi, M., Akimoto, K. (2016): The uncertainty of climate sensitivity and its implication for the Paris negotiation: *Sustainability Science* 11 (3), 515–518.
65. Dayaratna, K., McKitrick, R., Kreutzer, D. (2016): Empirically-Constrained Climate Sensitivity and the Social Cost of Carbon: https://ssrn.com/abstract=2759505
66. Deutschlandfunk (2018): 30 Jahre Weltklimarat: Erreichen des 1,5-Grad-Ziels »so gut wie ausgeschlossen«: *15.3.2018,* https://www.deutschlandfunk.de/30-jahre-weltklimarat-erreichen-des-1-5-grad-ziels-so-gut.697.de.html?dram:article_id=413101
67. WWF (2015): KlimaMOOC – Gratis Online-Kurs zum Mitmachen: Top Wissenschaftler erklären Klimawandel: https://www.wwf.de/aktiv-werden/bildungsarbeit-lehrerservice/mooc-online-vorlesung/klima-mooc-gratis-online-kurs-zum-mitmachen/
68. Verheyen, R., Wollenteit, U. (2020): Verfassungsbeschwerde Luisa Neubauer et al., 12.2.2020, https://germanwatch.org/sites/germanwatch.org/files/Klimaklage%202020%20-%20Verfassungsbeschwerde_online.pdf
69. Vahrenholt, F., Lüning, S. (2020): Unerwünschte Wahrheiten: Was Sie über den Klimawandel wissen sollten, Langen Müller, 438 p.:

70. DKK (2017): Webseite: Zukunft der Golfstromzirkulation: https://www.deutsches-klima-konsortium.de/index.php?id=556
71. DKK (2017): Broschüre: Zukunft der Golfstromzirkulation: https://www.deutsches-klima-konsortium.de/fileadmin/user_upload/pdfs/Publikationen_DKK/Zukunft_der_Golfstromzirkulation_DKK_KDM.pdf
72. Parker, A., Ollier, C. D. (2016): There is no real evidence for a diminishing trend of the Atlantic meridional overturning circulation: *Journal of Ocean Engineering and Science* 1 (1), 30–35.
73. VG (2015): Avfeier påstander om at Golfstrømmen bråstanser: 13.5.2015, https://www.vg.no/nyheter/innenriks/i/K0nVe/avfeier-paastander-om-at-golfstroemmen-braastanser
74. NASA (2010): NASA Study Finds Atlantic 'Conveyor Belt' Not Slowing: 25.3.2010, https://www.nasa.gov/topics/earth/features/atlantic20100325.html
75. Willis, J. K. (2010): Can in situ floats and satellite altimeters detect long-term changes in Atlantic Ocean overturning?: *Geophysical Research Letters* 37 (6).
76. Ezer, T. (2015): Detecting changes in the transport of the Gulf Stream and the Atlantic overturning circulation from coastal sea level data: The extreme decline in 2009–2010 and estimated variations for 1935–2012: *Global and Planetary Change* 129, 23–36.
77. Jackson, L. C., Peterson, K. A., Roberts, C. D., Wood, R. A. (2016): Recent slowing of Atlantic overturning circulation as a recovery from earlier strengthening: *Nature Geoscience* 9 (7), 518–522.
78. Chen, X., Tung, K.-K. (2018): Global surface warming enhanced by weak Atlantic overturning circulation: *Nature* 559 (7714), 387–391.
79. Fu, Y., Li, F., Karstensen, J., Wang, C. (2020): A stable Atlantic Meridional Overturning Circulation in a changing North Atlantic Ocean since the 1990s: *Science Advances* 6 (48), eabc7836.
80. Lund, D. C., Lynch-Stieglitz, J., Curry, W. B. (2006): Gulf Stream density structure and transport during the past millennium: *Nature* 444 (7119), 601–604.
81. Worthington, E. L., Moat, B. I., Smeed, D. A., Mecking, J. V., Marsh, R., McCarthy, G. D. (2021): A 30-year reconstruction of

the Atlantic meridional overturning circulation shows no decline: *Ocean Sci.* 17 (1), 285–299.

82. Caesar, L., McCarthy, G. D., Thornalley, D. J. R., Cahill, N., Rahmstorf, S. (2021): Current Atlantic Meridional Overturning Circulation weakest in last millennium: *Nature Geoscience* 14 (3), 118–120.
83. McCarthy, G. D., Joyce, T. M., Josey, S. A. (2018): Gulf Stream Variability in the Context of Quasi-Decadal and Multidecadal Atlantic Climate Variability: *Geophysical Research Letters* 45 (20), 11,257–211,264.
84. Smeed, D. A., McCarthy, G. D., Cunningham, S. A., Frajka-Williams, E., Rayner, D., Johns, W. E., Meinen, C. S., Baringer, M. O., Moat, B. I., Duchez, A., Bryden, H. L. (2014): Observed decline of the Atlantic meridional overturning circulation 2004–2012: *Ocean Sci.* 10 (1), 29–38.
85. Delworth, T. L., Zeng, F. (2016): The Impact of the North Atlantic Oscillation on Climate through Its Influence on the Atlantic Meridional Overturning Circulation: *Journal of Climate* 29 (3), 941–962.
86. Wen, N., Frankignoul, C., Gastineau, G. (2016): Active AMOC–NAO coupling in the IPSL-CM5A-MR climate model: *Climate Dynamics* 47 (7), 2105–2119.
87. Sun, C., Li, J., Jin, F.-F. (2015): A delayed oscillator model for the quasi-periodic multidecadal variability of the NAO: *Climate Dynamics* 45 (7), 2083–2099.
88. Rossby, T., Chafik, L., Houpert, L. (2020): What can Hydrography Tell Us About the Strength of the Nordic Seas MOC Over the Last 70 to 100 Years?: *Geophysical Research Letters* 47 (12), e2020GL087456.
89. Moffa-Sanchez, P., Born, A., Hall, I. R., Thornalley, D. J. R., Barker, S. (2014): Solar forcing of North Atlantic surface temperature and salinity over the past millennium: *Nature Geosci* 7 (4), 275–278.
90. Menary, M. B., Scaife, A. A. (2014): Naturally forced multidecadal variability of the Atlantic meridional overturning circulation: *Climate Dynamics* 42 (5), 1347–1362.
91. *Der Spiegel* (2015): Umstrittene Studie: Schwächelt der Golfstrom? : 23.3.2015, https://www.spiegel.de/wissenschaft/natur/

klimawandel-forscher-warnen-vor-abschwaechung-des-golfstroms-a-1025163.html
92. *Die Welt* (2017): Wie lange bleibt der Golfstrom noch stabil?: 21.7.2017, https://www.welt.de/print/die_welt/wissen/article166862253/Wie-lange-bleibt-der-Golfstrom-noch-stabil.html
93. Mann, M. E., Rahmstorf, S., Kornhuber, K., Steinman, B. A., Miller, S. K., Coumou, D. (2017): Influence of Anthropogenic Climate Change on Planetary Wave Resonance and Extreme Weather Events: *Scientific Reports* 7 (1), 45242.
94. Barnes, E. A., Dunn-Sigouin, E., Masato, G., Woollings, T. (2014): Exploring recent trends in Northern Hemisphere blocking: *Geophysical Research Letters* 41 (2), 638–644.
95. Kennedy, D., Parker, T., Woollings, T., Harvey, B., Shaffrey, L. (2016): The response of high-impact blocking weather systems to climate change: *Geophysical Research Letters* 43 (13), 7250–7258.
96. Woollings, T., Barriopedro, D., Methven, J., Son, S.-W., Martius, O., Harvey, B., Sillmann, J., Lupo, A. R., Seneviratne, S. (2018): Blocking and its Response to Climate Change: *Current Climate Change Reports* 4 (3), 287–300.
97. Hoskins, B., Woollings, T. (2015): Persistent Extratropical Regimes and Climate Extremes: *Current Climate Change Reports* 1 (3), 115–124.
98. de Vries, H., Woollings, T., Anstey, J., Haarsma, R. J., Hazeleger, W. (2013): Atmospheric blocking and its relation to jet changes in a future climate: *Climate Dynamics* 41 (9), 2643–2654.
99. Jensen, A. D., Akperov, M. G., Mokhov, I. I., Lupo, A. R., Sun, F. (2018): The Dynamic Character of Northern Hemisphere Flow Regimes in a Near-Term Climate Change Projection: *Atmosphere* 9 (1), 27.
100. University of Missouri (2018): Weather should remain predictable despite climate change: 20.2.2018, https://munewsarchives.missouri.edu/news-releases/2018/0220-weather-should-remain-predictable-despite-climate-change/
101. Nakamura, N., Huang, C. S. Y. (2018): Atmospheric blocking as a traffic jam in the jet stream: *Science* 361 (6397), 42–47.
102. University of Chicago (2018): New theory finds 'traffic jams' in jet stream cause abnormal weather patterns 24.5.2018, https://

news.uchicago.edu/story/new-theory-finds-traffic-jams-jet-stream-cause-abnormal-weather-patterns
103. Huguenin, M. F., Fischer, E. M., Kotlarski, S., Scherrer, S. C., Schwierz, C., Knutti, R. (2020): Lack of Change in the Projected Frequency and Persistence of Atmospheric Circulation Types Over Central Europe: *Geophysical Research Letters* 47 (9), e2019GL086132.
104. Russill, C. (2015): Climate change tipping points: origins, precursors, and debates: *WIREs Climate Change* 6 (4), 427–434.
105. Crucifix, M., Annan, J. (2019): Is the concept of 'tipping point' helpful for describing and communicating possible climate futures?, *in* Hulme, M., ed., Contemporary Climate Change Debates: London, Routledge.
106. Hulme, M. (2020): Is it too late (to stop dangerous climate change)? An editorial: *WIREs Climate Change* 11 (1), e619.
107. Allen, M. (2019): Why protesters should be wary of '12 years to climate breakdown' rhetoric: 26.4.2019, https://www.oxford-martin.ox.ac.uk/blog/why-protesters-should-be-wary-of-12-years-to-climate-breakdown-rhetoric/
108. Marotzke, J. (2020): Globale Erwärmung: Bloß keine Panik – auch nicht beim Klima, 13.4.2020, https://www.faz.net/aktuell/wissen/erde-klima/zu-kipppunkten-und-anderen-klima-sorgen-16701417.html?printPagedArticle=true#pageIndex_2 : *FAZ*.
109. IPCC (2013): Climate Change 2013: The Physical Science Basis. Contribution of Working Group I to the Fifth Assessment Report of the Intergovernmental Panel on Climate Change, Cambridge, United Kingdom and New York, NY, USA, Cambridge University Press, 1535 p.
110. Northwestern University (2018): Ancient Greenland was much warmer than previously thought: 4.6.2018, https://news.northwestern.edu/stories/2018/june/ancient-greenland-was-much-warmer-than-previously-thought/
111. McFarlin, J. M., Axford, Y., Osburn, M. R., Kelly, M. A., Osterberg, E. C., Farnsworth, L. B. (2018): Pronounced summer warming in northwest Greenland during the Holocene and Last Interglacial: *Proceedings of the National Academy of Sciences* 115 (25), 6357–6362.

112. University of Copenhagen (2015): Greenland is melting – the past might tell what the future holds: 20.2.2015, https://news.ku.dk/all_news/2015/02/greenland-is-melting--the-past-might-tell-what-the-future-holds/
113. Axford, Y., Losee, S., Briner, J. P., Francis, D. R., Langdon, P. G., Walker, I. R. (2013): Holocene temperature history at the western Greenland Ice Sheet margin reconstructed from lake sediments: *Quaternary Science Reviews* 59, 87–100.
114. Kelly, M. A., Lowell, T. V. (2009): Fluctuations of local glaciers in Greenland during latest Pleistocene and Holocene time: *Quaternary Science Reviews* 28 (21), 2088–2106.
115. Briner, J. P., McKay, N. P., Axford, Y., Bennike, O., Bradley, R. S., de Vernal, A., Fisher, D., Francus, P., Fréchette, B., Gajewski, K., Jennings, A., Kaufman, D. S., Miller, G., Rouston, C., Wagner, B. (2016): Holocene climate change in Arctic Canada and Greenland: *Quaternary Science Reviews* 147, 340–364.
116. Larsen, N. K., Kjær, K. H., Lecavalier, B., Bjørk, A. A., Colding, S., Huybrechts, P., Jakobsen, K. E., Kjeldsen, K. K., Knudsen, K.-L., Odgaard, B. V., Olsen, J. (2015): The response of the southern Greenland ice sheet to the Holocene thermal maximum: *Geology* 43 (4), 291–294.
117. University of Buffalo (2013): Greenland's shrunken ice sheet: We've been here before: 22.11.2013, http://www.buffalo.edu/news/releases/2013/11/033.html
118. Briner, J. P., Kaufman, D. S., Bennike, O., Kosnik, M. A. (2014): Amino acid ratios in reworked marine bivalve shells constrain Greenland Ice Sheet history during the Holocene: *Geology* 42 (1), 75–78.
119. *Die Welt* (2021): Die gefrorene Flut, 4.6.2021, https://www.welt.de/wissenschaft/plus231510871/Klimawandel-Was-passiert-wenn-Groenland-kippt.html
120. Levy, L. B., Kelly, M. A., Howley, J. A., Virginia, R. A. (2012): Age of the Ørkendalen moraines, Kangerlussuaq, Greenland: constraints on the extent of the southwestern margin of the Greenland Ice Sheet during the Holocene: *Quaternary Science Reviews* 52, 1–5.
121. Håkansson, L., Briner, J. P., Andresen, C. S., Thomas, E. K., Bennike, O. (2014): Slow retreat of a land based sector of the West

Greenland Ice Sheet during the Holocene Thermal Maximum: evidence from threshold lakes at Paakitsoq: *Quaternary Science Reviews* 98, 74–83.
122. Schadwinkel, A. (2020): Gletscher Jakobshavn Isbræ hat 1518 Gigatonnen Eis eingebüßt. 17.11.2020, https://www.spektrum.de/news/gletscher-jakobshavn-isbrae-hat-1518-gigatonnen-eis-eingebuesst/1795334 : *Spektrum.de*.
123. Ledu, D., Rochon, A., de Vernal, A., Barletta, F., St-Onge, G. (2010): Holocene sea ice history and climate variability along the main axis of the Northwest Passage, Canadian Arctic: *Paleoceanography* 25 (2).
124. Stranne, C., Jakobsson, M., Björk, G. (2014): Arctic Ocean perennial sea ice breakdown during the Early Holocene Insolation Maximum: *Quaternary Science Reviews* 92, 123–132.
125. Berben, S. M. P., Husum, K., Cabedo-Sanz, P., Belt, S. T. (2014): Holocene sub-centennial evolution of Atlantic water inflow and sea ice distribution in the western Barents Sea: *Clim. Past* 10 (1), 181–198.
126. Jakobsson, M., Long, A., Ingólfsson, Ó., Kjær, K. H., Spielhagen, R. F. (2010): New insights on Arctic Quaternary climate variability from palaeo-records and numerical modelling: *Quaternary Science Reviews* 29, 3349–3358.
127. Lowell, T. V., Hall, B. L., Kelly, M. A., Bennike, O., Lusas, A. R., Honsaker, W., Smith, C. A., Levy, L. B., Travis, S., Denton, G. H. (2013): Late Holocene expansion of Istorvet ice cap, Liverpool Land, east Greenland: *Quaternary Science Reviews* 63, 128–140.
128. Miettinen, A., Divine, D. V., Husum, K., Koç, N., Jennings, A. (2015): Exceptional ocean surface conditions on the SE Greenland shelf during the Medieval Climate Anomaly: *Paleoceanography* 30 (12), 1657–1674.
129. Lasher, G. E., Axford, Y. (2019): Medieval warmth confirmed at the Norse Eastern Settlement in Greenland: *Geology* 47 (3), 267–270.
130. Northwestern University (2019): Study shows that Vikings enjoyed a warm Greenland: 6.2.2019, https://news.northwestern.edu/stories/2019/02/study-shows-that-vikings-enjoyed-a-warm-greenland/

131. Kobashi, T., Goto-Azuma, K., Box, J. E., Gao, C. C., Nakaegawa, T. (2013): Causes of Greenland temperature variability over the past 4000 yr: implications for northern hemispheric temperature changes: *Clim. Past* 9 (5), 2299–2317.
132. van Westen, R. M., Dijkstra, H. A. (2021): Ocean eddies strongly affect global mean sea-level projections: *Science Advances* 7 (15), eabf1674.
133. Huntingford, C., Zelazowski, P., Galbraith, D., Mercado, L. M., Sitch, S., Fisher, R., Lomas, M., Walker, A. P., Jones, C. D., Booth, B. B. B., Malhi, Y., Hemming, D., Kay, G., Good, P., Lewis, S. L., Phillips, O. L., Atkin, O. K., Lloyd, J., Gloor, E., Zaragoza-Castells, J., Meir, P., Betts, R., Harris, P. P., Nobre, C., Marengo, J., Cox, P. M. (2013): Simulated resilience of tropical rainforests to CO_2-induced climate change: *Nature Geoscience* 6 (4), 268–273.
134. Heffernan, O. (2013): Tropical forests unexpectedly resilient to climate change: 10.3.2013, http://www.nature.com/news/tropical-forests-unexpectedly-resilient-to-climate-change-1.12570
135. Wuyts, B., Champneys, A. R., House, J. I. (2017): Amazonian forest-savanna bistability and human impact: *Nature Communications* 8 (1), 15519.
136. University of Bristol (2017): Amazon rainforest may be more resilient to deforestation than previously thought: 30.5.2017, http://www.bristol.ac.uk/news/2017/may/amazon-rainforest.html
137. PIK (2019): Der Amazonaswald kann durch wechselhafte Regenfälle trainiert werden – dem Tempo des Klimawandels ist er möglicherweise dennoch nicht gewachsen 25.2.2019, https://www.pik-potsdam.de/aktuelles/pressemitteilungen/der-amazonaswald-kann-durch-wechselhafte-regenfaelle-trainiert-werden-dem-tempo-des-klimawandels-ist-er-moeglicherweise-dennoch-nicht-gewachsen
138. Cox, P. M., Pearson, D., Booth, B. B., Friedlingstein, P., Huntingford, C., Jones, C. D., Luke, C. M. (2013): Sensitivity of tropical carbon to climate change constrained by carbon dioxide variability: *Nature* 494 (7437), 341–344.
139. University of Exeter (2013): Lungs of the planet reveal their true sensitivity to global warming: 6.2.2013, https://www.sciencedaily.com/releases/2013/02/130206131050.htm

140. Schimel, D., Stephens, B. B., Fisher, J. B. (2015): Effect of increasing CO_2 on the terrestrial carbon cycle: *Proceedings of the National Academy of Sciences* 112 (2), 436–441.
141. NASA Jet Propulsion Laboratory (2014): NASA Finds Good News on Forests and Carbon Dioxide: 29.12.2014, https://www.jpl.nasa.gov/news/news.php?feature=4424
142. Nascimento, M. N., Martins, G. S., Cordeiro, R. C., Turcq, B., Moreira, L. S., Bush, M. B. (2019): Vegetation response to climatic changes in western Amazonia over the last 7,600 years: *Journal of Biogeography* 46 (11), 2389–2406.
143. Dick, C. W., Lewis, S. L., Maslin, M., Bermingham, E. (2013): Neogene origins and implied warmth tolerance of Amazon tree species: *Ecology and Evolution* 3 (1), 162–169.
144. University of East Anglia (2015): Hydroelectric dams drastically reduce tropical forest biodiversity: 1.7.2015, https://www.uea.ac.uk/about/-/hydroelectric-dams-drastically-reduce-tropical-forest-biodiversity
145. Kim, D.-H., Sexton, J. O., Townshend, J. R. (2015): Accelerated deforestation in the humid tropics from the 1990s to the 2000s: *Geophysical Research Letters* 42 (9), 3495–3501.
146. Helmholtz Zentrum für Umweltforschung (2015): Interaktion verschiedener Treiber Ursache für den Artenrückgang: 27.9.2015, https://www.ufz.de/index.php?de=36800
147. Scinexx.de (2015): Verlust der Artenvielfalt durch Landnutzung: 13.5.2015, https://www.scinexx.de/news/biowissen/verlust-der-artenvielfalt-durch-landnutzung/
148. University of Cambridge (2017): Political instability and weak governance lead to loss of species, study finds: 20.12.2017, https://www.cam.ac.uk/research/news/political-instability-and-weak-governance-lead-to-loss-of-species-study-finds
149. Brook, B. W., Ellis, E. C., Perring, M. P., Mackay, A. W., Blomqvist, L. (2013): Does the terrestrial biosphere have planetary tipping points?: *Trends in Ecology & Evolution* 28 (7), 396–401.
150. Bundesministerium für Umwelt, N. u. n. S. B. (2019): Klimaschutz in Zahlen, Fakten, Trends und Impulse deutscher Klimapolitik, https://www.bmu.de/publikation/klimaschutz-in-zahlen-2019/

151. Forster, P. M., Maycock, A. C., McKenna, C. M., Smith, C. J. (2020): Latest climate models confirm need for urgent mitigation: *Nature Climate Change* 10, 7–10.
152. Ghil, M., Lucarini, V. (2020): The physics of climate variability and climate change: *Reviews of Modern Physics* 92 (3), 035002.
153. Christy, J. R., McNider, R. T. (2017): Satellite bulk tropospheric temperatures as a metric for climate sensitivity: *Asia-Pacific Journal of Atmospheric Sciences* 53 (4), 511–518.
154. Krasting, J. P., Dunne, J. P., Shevliakova, E., Stouffer, R. J. (2014): Trajectory sensitivity of the transient climate response to cumulative carbon emissions: *Geophysical Research Letters* 41 (7), 2520–2527.
155. Wikipedia (2021): IPCC RCP-Treibhausgas-Konzentrationspfade. Efbrazil (https://commons.wikimedia.org/wiki/File:All_forcing_agents_CO2_equivalent_concentration.svg), https://creativecommons.org/licenses/by-sa/4.0/legalcode
156. Hausfather, Z., Peters, G. P. (2020): Emissions – the 'business as usual' story is misleading, https://doi.org/10.1038/d41586-020-00177-3 : *Nature* 577, 618–620.
157. Pedersen, J. S. T., van Vuuren, D. P., Aparício, B. A., Swart, R., Gupta, J., Santos, F. D. (2020): Variability in historical emissions trends suggests a need for a wide range of global scenarios and regional analyses: *Communications Earth & Environment* 1 (1), 41.
158. Grant, N., Hawkes, A., Napp, T., Gambhir, A. (2020): The appropriate use of reference scenarios in mitigation analysis: *Nature Climate Change* 10 (7), 605–610.
159. Salawitch, R. J., Canty, T. P., Hope, A. P., Tribett, W. R., Bennett, B. F. (2017): Paris Climate Agreement: Beacon of Hope, https://www.springer.com/gp/about-springer/media/press-releases/corporate/an-optimistic-vision-for-paris-climate-agreement/12017852, Springer.
160. NOAA (2021): CO_2 in the atmosphere and annual emissions (1750–2019). https://www.climate.gov/news-features/understanding-climate/climate-change-atmospheric-carbon-dioxide
161. APCC (2014): Österreichischer Sachstandsbericht Klimawandel 2014 (AAR14), Wien, Austrian Panel on Climate Change (APCC), Verlag der Österreichischen Akademie der Wissenschaften, http://austriaca.at/APPC_AAR2014.pdf

162. Umweltbundesamt (2019): Monitoringbericht 2019 zur Deutschen Anpassungsstrategie an den Klimawandel, Dessau-Roßlau, https://www.bmu.de/download/monitoringbericht-2019/, 276 p.:
163. CH2018 (2018): Climate Scenarios for Switzerland, Zürich, Technical Report, National Centre for Climate Services.
164. IPCC (2012): Management des Risikos von Extremereignissen und Katastrophen zur Förderung der Anpassung an den Klimawandel – Zusammenfassung für politische Entscheidungsträger (deutsche Übersetzung): *Sonderbericht des Zwischenstaatlichen Ausschusses für Klimaänderungen (IPCC),* https://www.de-ipcc.de/128.php
165. Hamburger Bildungsserver (2020): Hitzewellen: Beispiele und Folgen: https://bildungsserver.hamburg.de/wetterextreme-klimawandel/2103434/hitzewellen-global/
166. Umweltbundesamt (2015): Monitoringbericht 2015 zur Deutschen Anpassungsstrategie an den Klimawandel, Dessau-Roßlau.
167. Ionita, M., Dima, M., Nagavciuc, V., Scholz, P., Lohmann, G. (2021): Past megadroughts in central Europe were longer, more severe and less warm than modern droughts: *Communications Earth & Environment* 2 (1), 61.
168. McCabe, G. J., Wolock, D. M. (2015): Variability and trends in global drought: *Earth and Space Science* 2 (6), 223–228.
169. Hao, Z., AghaKouchak, A., Nakhjiri, N., Farahmand, A. (2014): Global integrated drought monitoring and prediction system: *Scientific Data* 1 (1), 140001.
170. Damberg, L., AghaKouchak, A. (2014): Global trends and patterns of drought from space: *Theoretical and Applied Climatology* 117 (3), 441–448.
171. Sheffield, J., Wood, E. F., Roderick, M. L. (2012): Little change in global drought over the past 60 years: *Nature* 491, 435–438.
172. IPCC (2012): Managing the risks of extreme events and disasters to advance climate change and adaptation: *Special Report of the Intergovernmental Panel on Climate Change.*
173. Shen, S. S. P., Tafolla, N., Smith, T. M., Arkin, P. A. (2014): Multivariate Regression Reconstruction and Its Sampling Error for the Quasi-Global Annual Precipitation from 1900 to 2011: *Journal of the Atmospheric Sciences* 71 (9), 3250–3268.

174. van Wijngaarden, W. A., Syed, A. (2015): Changes in annual precipitation over the Earth's land mass excluding Antarctica from the 18th century to 2013: *Journal of Hydrology* 531, 1020–1027.
175. Universität Leipzig (2016): Leipziger Meteorologe untersucht Auswirkungen des Klimawandels auf weltweiten Niederschlag: 28.6.2016, https://www.uni-leipzig.de/newsdetail/artikel/leipziger-meteorologe-untersucht-auswirkungen-des-klimawandels-auf-weltweiten-niederschlag-2016-06-2/
176. Rajah, K., O'Leary, T., Turner, A., Petrakis, G., Leonard, M., Westra, S. (2014): Changes to the temporal distribution of daily precipitation: *Geophysical Research Letters* 41 (24), 8887–8894.
177. Salzmann, M. (2016): Global warming without global mean precipitation increase?: *Science Advances* 2 (6), e1501572.
178. Pekel, J.-F., Cottam, A., Gorelick, N., Belward, A. S. (2016): High-resolution mapping of global surface water and its long-term changes: *Nature* 540 (7633), 418–422.
179. DWD (2014): Deutscher Wetterdienst zum neuen Bericht des Weltklimarats (IPCC): Auch Deutschland benötigt Empfehlungen zur Anpassung an den Klimawandel: https://www.dwd.de/DE/klimaumwelt/klimawandel/_functions/aktuellemeldungen/140331_ipcc_bericht.html
180. DWD (2016): Starkregenrisiko in Städten kann jetzt besser eingeschätzt werden: https://www.dwd.de/DE/klimaumwelt/klimawandel/_functions/aktuellemeldungen/160308_dwd_klima_pk.html
181. *Der Spiegel* (2013): Zehn Fakten zur Flut: 6.6.2013, https://www.spiegel.de/wissenschaft/natur/hochwasser-fakten-zur-flut-an-fluessen-elbe-rhein-donau-a-904232.html
182. Schmocker-Fackel, P., Naef, F. (2010): Changes in flood frequencies in Switzerland since 1500: *Hydrol. Earth Syst. Sci.* 14 (8), 1581–1594.
183. Blöschl, G., Hall, J., Parajka, J., Perdigão, R. A. P., Merz, B., Arheimer, B., Aronica, G. T., Bilibashi, A., Bonacci, O., Borga, M., Čanjevac, I., Castellarin, A., Chirico, G. B., Claps, P., Fiala, K., Frolova, N., Gorbachova, L., Gül, A., Hannaford, J., Harrigan, S., Kireeva, M., Kiss, A., Kjeldsen, T. R., Kohnová, S., Koskela, J. J.,

Ledvinka, O., Macdonald, N., Mavrova-Guirguinova, M., Mediero, L., Merz, R., Molnar, P., Montanari, A., Murphy, C., Osuch, M., Ovcharuk, V., Radevski, I., Rogger, M., Salinas, J. L., Sauquet, E., Šraj, M., Szolgay, J., Viglione, A., Volpi, E., Wilson, D., Zaimi, K., Živković, N. (2017): Changing climate shifts timing of European floods: *Science* 357 (6351), 588–590.

184. Zhou, Y., Luo, M., Leung, Y. (2016): On the detection of precipitation dependence on temperature: *Geophysical Research Letters* 43 (9), 4555–4565.
185. Sun, F., Roderick, M. L., Farquhar, G. D. (2012): Changes in the variability of global land precipitation: *Geophys. Res. Lett.* 39 (19), L19402.
186. Trenary, L., DelSole, T., Camargo, S. J., Tippett, M. K. (2019): Are Midtwentieth Century Forced Changes in North Atlantic Hurricane Potential Intensity Detectable?: *Geophysical Research Letters* 46 (6), 3378–3386.
187. Truchelut, R. E., Staehling, E. M. (2017): An Energetic Perspective on United States Tropical Cyclone Landfall Droughts: *Geophysical Research Letters* 44 (23), 12,013-012,019.
188. Mavume, A. F., Rydberg, L., Rouault, M., Lutjeharms, J. R. E. (2009): Climatology and Landfall of Tropical Cyclones in the South-West Indian Ocean: *Western Indian Ocean Journal of Marine Science* 8 (1), 15–36.
189. Fitchett, J. M., Grab, S. W. (2014): A 66-year tropical cyclone record for south-east Africa: temporal trends in a global context: *International Journal of Climatology* 34 (13), 3604–3615.
190. Yamashita, M., Mitsumata, J. (2013): Does Global Warming Affect Typhoon Patterns in Japan? Discussion from the Viewpoints of the Numbers of Typhoons That Develop, Approach, and Hit Japan, and Their Intensities: *Resources and Environment* 3 (5), 115–128.
191. Ni, X., Zhang, Q., Ma, D., Wu, L., Ren, F. (2015): Climatology and trends of tropical cyclone high wind in mainland China: 1959–2011: *Journal of Geophysical Research: Atmospheres* 120 (24), 12378-12393.
192. Hoarau, K., Bernard, J., Chalonge, L. (2012): Intense tropical cyclone activities in the northern Indian Ocean: *International Journal of Climatology* 32 (13), 1935–1945.

193. Yu, K., Zhao, J., Roff, G., Lybolt, M., Feng, Y., Clark, T., Li, S. (2012): High-precision U-series ages of transported coral blocks on Heron Reef (southern Great Barrier Reef) and storm activity during the past century: *Palaeogeography, Palaeoclimatology, Palaeoecology* 337–338, 23–36.
194. Bureau of Meteorology (2020): Tropical Cyclone Trends: http://www.bom.gov.au/cyclone/climatology/trends.shtml
195. van Soelen, E. E., Wagner-Cremer, F., Damsté, J. S. S., Reichart, G. J. (2013): Reconstructing tropical cyclone frequency using hydrogen isotope ratios of sedimentary n-alkanes in northern Queensland, Australia: *Palaeogeography, Palaeoclimatology, Palaeoecology* 376, 66–72.
196. Weinkle, J., Landsea, C., Collins, D., Musulin, R., Crompton, R. P., Klotzbach, P. J., Pielke, R. (2018): Normalized hurricane damage in the continental United States 1900–2017: *Nature Sustainability* 1 (12), 808–813.
197. Pielke, R. (2019): No, Hurricanes Are Not Bigger, Stronger and More Dangerous: *Forbes 15.11.2019,* https://www.forbes.com/sites/rogerpielke/2019/11/15/no-hurricanes-are-not-bigger-stronger-and-more-dangerous/#4f9c2e794d9e
198. Parth Sarthi, P., Agrawal, A., Rana, A. (2015): Possible future changes in cyclonic storms in the Bay of Bengal, India under warmer climate: *International Journal of Climatology* 35 (7), 1267–1277.
199. Yoshida, K., Sugi, M., Mizuta, R., Murakami, H., Ishii, M. (2017): Future Changes in Tropical Cyclone Activity in High-Resolution Large-Ensemble Simulations: *Geophysical Research Letters* 44 (19), 9910–9917.
200. Murakami, H., Hsu, P.-C., Arakawa, O., Li, T. (2014): Influence of Model Biases on Projected Future Changes in Tropical Cyclone Frequency of Occurrence: *Journal of Climate* 27 (5), 2159–2181.
201. Kim, H.-S., Vecchi, G. A., Knutson, T. R., Anderson, W. G., Delworth, T. L., Rosati, A., Zeng, F., Zhao, M. (2014): Tropical Cyclone Simulation and Response to CO_2 Doubling in the GFDL cm2.5 High-Resolution Coupled Climate Model: *Journal of Climate* 27 (21), 8034–8054.
202. Walsh, K. J. E., Camargo, S. J., Vecchi, G. A., Daloz, A. S., Elsner, J., Emanuel, K., Horn, M., Lim, Y.-K., Roberts, M., Patricola, C.,

Scoccimarro, E., Sobel, A. H., Strazzo, S., Villarini, G., Wehner, M., Zhao, M., Kossin, J. P., LaRow, T., Oouchi, K., Schubert, S., Wang, H., Bacmeister, J., Chang, P., Chauvin, F., Jablonowski, C., Kumar, A., Murakami, H., Ose, T., Reed, K. A., Saravanan, R., Yamada, Y., Zarzycki, C. M., Vidale, P. L., Jonas, J. A., Henderson, N. (2015): Hurricanes and Climate: The U.S. CLIVAR Working Group on Hurricanes: *Bulletin of the American Meteorological Society* 96 (6), 997–1017.

203. Lim, Y.-K., Schubert, S. D., Reale, O., Lee, M.-I., Molod, A. M., Suarez, M. J. (2015): Sensitivity of Tropical Cyclones to Parameterized Convection in the NASA GEOS-5 Model: *Journal of Climate* 28 (2), 551–573.
204. Sugi, M., Yoshida, K., Murakami, H. (2015): More tropical cyclones in a cooler climate?: *Geophysical Research Letters* 42 (16), 6780–6784.
205. Andela, N., Morton, D. C., Giglio, L., Chen, Y., van der Werf, G. R., Kasibhatla, P. S., DeFries, R. S., Collatz, G. J., Hantson, S., Kloster, S., Bachelet, D., Forrest, M., Lasslop, G., Li, F., Mangeon, S., Melton, J. R., Yue, C., Randerson, J. T. (2017): A human-driven decline in global burned area: *Science* 356 (6345), 1356–1362.
206. NASA (2017): NASA Detects Drop in Global Fires: 29.6.2017, https://www.nasa.gov/feature/goddard/2017/nasa-detects-drop-in-global-fires
207. Earl, N., Simmonds, I. (2018): Spatial and Temporal Variability and Trends in 2001–2016 Global Fire Activity: *Journal of Geophysical Research: Atmospheres* 123 (5), 2524–2536.
208. Doerr, S. H., Santín, C. (2016): Global trends in wildfire and its impacts: perceptions versus realities in a changing world: *Philosophical Transactions of the Royal Society B: Biological Sciences* 371 (1696), 20150345.
209. Swansea University (2016): Wildfire: misconceptions about trends and impacts revealed in new research: 25.5.2016, https://www-2018.swansea.ac.uk/press-office/news-archive/2016/wildfiremisconceptionsabouttrendsandimpactsrevealedinnewresearch.php
210. Copernicus (2020): Copernicus: Fire activity hot spots reached new extremes in 2020 but global fire emissions are decreasing, https://atmosphere.copernicus.eu/copernicus-fire-activity-hot-

spots-reached-new-extremes-2020-global-fire-emissions-are-decreasing
211. Umweltbundesamt (2020): Waldbrände in Deutschland: https://www.umweltbundesamt.de/daten/land-forstwirtschaft/waldbraende#waldbrande-in-deutschland
212. ntv (2016): Kälte ist tödlicher als Hitze: 4.1.2016, https://www.n-tv.de/wissen/Der-Winter-ist-der-wahre-Killer-article16686976.html
213. Rau, R., Bohk-Ewald, C., Muszyńska, M. M., Vaupel, J. W. (2018): Seasonality of Causes of Death, Visualizing Mortality Dynamics in the Lexis Diagram: Cham, Springer International Publishing, S. 99–122.
214. Ballester, J., Rodó, X., Robine, J.-M., Herrmann, F. R. (2016): European seasonal mortality and influenza incidence due to winter temperature variability: *Nature Climate Change* 6 (10), 927–930.
215. American Heart Association (2012): Heart-related deaths increase in winter regardless of climate: 6.11.2012, https://www.sciencedaily.com/releases/2012/11/121106114225.htm
216. Gasparrini, A., Guo, Y., Hashizume, M., Kinney, P. L., Petkova, E. P., Lavigne, E., Zanobetti, A., Schwartz, J. D., Tobias, A., Leone, M., Tong, S., Honda, Y., Kim, H., Armstrong, B. G. (2015): Temporal Variation in Heat–Mortality Associations: A Multicountry Study: *Environmental Health Perspectives* 123 (11), 1200–1207.
217. *Der Tagesspiegel* (2015): Kälte tötet mehr Menschen als Hitze: 21.5.2015, https://www.tagesspiegel.de/wissen/gefahren-durch-den-klimawandel-kaelte-toetet-mehr-menschen-als-hitze/11807316.html
218. *The Lancet* (2015): Cold weather kills far more people than hot weather: 20.5.2015, https://www.sciencedaily.com/releases/2015/05/150520193831.htm
219. Longden, T. (2019): The impact of temperature on mortality across different climate zones: *Climatic Change* 157 (2), 221–242.
220. Mordecai, E. A., Paaijmans, K. P., Johnson, L. R., Balzer, C., Ben-Horin, T., de Moor, E., McNally, A., Pawar, S., Ryan, S. J., Smith, T. C., Lafferty, K. D. (2013): Optimal temperature for malaria transmission is dramatically lower than previously predicted: *Ecology Letters* 16 (1), 22–30.

221. Yamana, T. K., Bomblies, A., Eltahir, E. A. B. (2016): Climate change unlikely to increase malaria burden in West Africa: *Nature Climate Change* 6 (11), 1009–1013.
222. Lehmann, J., Coumou, D. (2015): The influence of mid-latitude storm tracks on hot, cold, dry and wet extremes: *Scientific Reports* 5, 17491.
223. PIK (2015): Kalt, heiß oder trocken: Anhaltende Wetterextreme durch abnehmende Sturmaktivität 11.12.2015, https://www.pik-potsdam.de/aktuelles/pressemitteilungen/kalt-heiss-oder-trocken-anhaltende-wetterextreme-durch-abnehmende-sturmaktivitaet
224. Chang, E. K. M., Ma, C.-G., Zheng, C., Yau, A. M. W. (2016): Observed and projected decrease in Northern Hemisphere extra-tropical cyclone activity in summer and its impacts on maximum temperature: *Geophysical Research Letters* 43 (5), 2200–2208.
225. Herring, S. C., Hoerling, M. P., Peterson, T. C., Stott, P. A. (2014): Explaining Extreme Events of 2013 from a Climate Perspective: *Bulletin of the American Meteorological Society* 95 (9), S1-S104.
226. Helmholtz-Zentrum Geesthacht (2014): Unsere Winterstürme bisher nicht vom Klimawandel beeinflusst: 6.10.2014, https://www.hzg.de/public_relations_media/news/056510/index.php.de
227. Bressan, D. (2019): Was Moore uns über Klimawandel und Lawinenrisiko in den Alpen verraten können: 14.1.2019, https://scilogs.spektrum.de/geschichte-der-geologie/klimawandel-und-lawinenrisiko-in-den-alpen/
228. Luzian, R., Nicoulussi, K., Sailer, R. (2011): Holozänes Lawinengeschehen und »Global Warming«: Eine Analyse der 9000-jährigen Chronologie des Lawinengeschehens am Hang der Schwarzensteinalm in den Zillertaler Alpen, Österreich: *Forsttechnischer Dienst für Wildbach- und Lawinenverbauung, Verein der Diplomingenieure der Wildbach- und Lawinenverbauung Österreichs: Wildbach- und Lawinenverbau* 75 (167), 102–117.
229. Deline, P., Akçar, N., Ivy-Ochs, S., Kubik, P. W. (2015): Repeated Holocene rock avalanches onto the Brenva Glacier, Mont Blanc massif, Italy: A chronology: *Quaternary Science Reviews* 126, 186–200.
230. Cardiff University (2016): Climate change to have 'little effect' on common landslides: 7.10.2016, https://www.cardiff.ac.uk/news/

view/482982-climate-change-to-have-little-effect-on-common-landslides
231. Parker, R. N., Hales, T. C., Mudd, S. M., Grieve, S. W. D., Constantine, J. A. (2016): Colluvium supply in humid regions limits the frequency of storm-triggered landslides: *Scientific Reports* 6 (1), 34438.
232. Shi, J., Visschers, V. H. M., Siegrist, M., Arvai, J. (2016): Knowledge as a driver of public perceptions about climate change reassessed: *Nature Climate Change* 6 (8), 759–762.
233. Bundesamt für Seeschifffahrt und Hydrographie (2007): Sturmfluthäufigkeit und -intensität in der Nord- und Ostsee: 26.9.2007, https://www.wattenrat.de/aktuell/aktuell251.htm
234. Gönnert, G. (2003): Sturmfluten und Windstau in der Deutschen Bucht: Charakter, Veränderungen und Maximalwerte im 20. Jahrhundert: *Die Küste* 67, 185–365.
235. García-García, D., Ummenhofer, C. C. (2015): Multidecadal variability of the continental precipitation annual amplitude driven by AMO and ENSO: *Geophysical Research Letters* 42 (2), 526–535.
236. Sun, Q., Miao, C., AghaKouchak, A., Duan, Q. (2016): Century-scale causal relationships between global dry/wet conditions and the state of the Pacific and Atlantic Oceans: *Geophysical Research Letters* 43 (12), 6528–6537.
237. Miralles, D. G., van den Berg, M. J., Gash, J. H., Parinussa, R. M., de Jeu, R. A. M., Beck, H. E., Holmes, T. R. H., Jiménez, C., Verhoest, N. E. C., Dorigo, W. A., Teuling, A. J., Johannes Dolman, A. (2014): El Niño–La Niña cycle and recent trends in continental evaporation: *Nature Climate Change* 4 (2), 122–126.
238. Schraven, B. (2017): Klimawandel ist nicht alles – Die Ursachen von Flucht und Migration sind vielfältig: *Deutsches Institut für Entwicklungspolitik (DIE), Die aktuelle Kolumne,* https://www.die-gdi.de/die-aktuelle-kolumne/article/klimawandel-ist-nicht-alles-die-ursachen-von-flucht-und-migration-sind-vielfaeltig/
239. Boas, I., Farbotko, C., Adams, H., Sterly, H., Bush, S., van der Geest, K., Wiegel, H., Ashraf, H., Baldwin, A., Bettini, G., Blondin, S., de Bruijn, M., Durand-Delacre, D., Fröhlich, C., Gioli, G., Guaita, L., Hut, E., Jarawura, F. X., Lamers, M., Lietaer, S., Nash, S. L., Piguet, E., Rothe, D., Sakdapolrak, P., Smith, L., Tripathy

Furlong, B., Turhan, E., Warner, J., Zickgraf, C., Black, R., Hulme, M. (2019): Climate migration myths: *Nature Climate Change* 9 (12), 901–903.

240. Bauer, S., Schraven, B. (2017): Die Mär von den 200 000 000 Klimaflüchtlingen: 8.11.2017, https://www.zeit.de/wirtschaft/2017-11/klimawandel-duerren-ueberschwemmungen-fluechtlinge-obergrenze
241. *Die Welt* (2017): »Wie soll Europa erst mit 200 Millionen Klimaflüchtlingen aus Afrika umgehen?«: 15.10.2017, https://www.welt.de/regionales/hamburg/article169622057/Wie-soll-Europa-erst-mit-200-Millionen-Klimafluechtlingen-aus-Afrika-umgehen.html
242. Lambeck, K., Rouby, H., Purcell, A., Sun, Y., Sambridge, M. (2014): Sea level and global ice volumes from the Last Glacial Maximum to the Holocene: *Proceedings of the National Academy of Sciences* 111 (43), 15296–15303.
243. Webb, A. P., Kench, P. S. (2010): The dynamic response of reef islands to sea-level rise: Evidence from multi-decadal analysis of island change in the Central Pacific: *Global and Planetary Change* 72, 234–246.
244. Kench, P. S., Ford, M. R., Owen, S. D. (2018): Patterns of island change and persistence offer alternate adaptation pathways for atoll nations: *Nature Communications* 9 (1), 605.
245. Kench, P. S., Thompson, D., Ford, M. R., Ogawa, H., McLean, R. F. (2015): Coral islands defy sea-level rise over the past century: Records from a central Pacific atoll: *Geology* 43 (6), 515–518.
246. Mann, T., Bayliss-Smith, T., Westphal, H. (2016): A Geomorphic Interpretation of Shoreline Change Rates on Reef Islands: *Journal of Coastal Research* 32 (3), 500–507, 508.
247. ZMT (2016): Versinkende Inseln: Bedroht der Meeresspiegelanstieg das Takuu-Atoll im Pazifik?: 30.1.2016, https://www.leibniz-zmt.de/de/neuigkeiten/nachrichten-aktuelles/archiv-news/30-1-16-versinkende-inseln-bedroht-der-meeresspiegelanstieg-das-takuu-atoll-im-pazifik.html
248. Ford, M. (2013): Shoreline changes interpreted from multi-temporal aerial photographs and high resolution satellite images: Wotje Atoll, Marshall Islands: *Remote Sensing of Environment* 135, 130–140.
249. Ford, M. R., Kench, P. S. (2016): Spatiotemporal variability of

typhoon impacts and relaxation intervals on Jaluit Atoll, Marshall Islands: *Geology* 44 (2), 159–162.

250. Kench, P. S., McLean, R. F., Owen, S. D., Tuck, M., Ford, M. R. (2018): Storm-deposited coral blocks: A mechanism of island genesis, Tutaga island, Funafuti atoll, Tuvalu: *Geology* 46 (10), 915–918.
251. Geological Society of America (2018): Catastrophic construction: Storms can build reef islands in atoll regions: 17.9.2018, https://www.geosociety.org/GSA/News/pr/2018/18-31.aspx
252. *Die Presse* (2014): Geomorphologie: Das Klima lässt die Inseln nicht untergehen!: 4.8.2014, https://www.diepresse.com/3849398/geomorphologie-das-klima-lasst-die-inseln-nicht-untergehen
253. Biribo, N., Woodroffe, C. D. (2013): Historical area and shoreline change of reef islands around Tarawa Atoll, Kiribati: *Sustainability Science* 8 (3), 345–362.
254. Duvat, V. K. E. (2019): A global assessment of atoll island planform changes over the past decades: *WIREs Climate Change* 10 (1), e557.
255. University of Southampton (2015): Mangroves help protect against sea level rise: 23.7.2015, https://www.southampton.ac.uk/news/2015/07/mangroves-help-protect-against-sea-level-rise.page
256. Huang, T., Rapp, H. (2010): Coastal Erosion on Majuro Atoll, Marshall Islands: *MSc Thesis, Lund University,* http://lup.lub.lu.se/luur/download?func=downloadFile&recordOId=1670491&fileOId=1670494
257. Ford, M. (2012): Shoreline Changes on an Urban Atoll in the Central Pacific Ocean: Majuro Atoll, Marshall Islands: *Journal of Coastal Research*, 11–22.
258. Xue, C. (2001): Coastal Erosion and Management of Majuro Atoll, Marshall Islands *Journal of Coastal Research* 17 (4), 909–918.
259. Kaltesonne.de (2017): Leiterin des ARD-Afrika-Studios Nairobi liegt in Ghana voll daneben: Peinliche Verwechslung von Küstenströmungen mit Klimawandel: 14.6.2017, https://kaltesonne.de/leiterin-des-afrika-studios-nairobi-liegt-in-ghana-voll-daneben-peinliche-verwechslung-von-kustenstromungen-mit-klimawandel/
260. Kaltesonne.de (2019): Um Antwort wird gebeten: Der Fall »Ghoramara«: 25.1.2019, https://kaltesonne.de/um-antwort-wird-gebeten-der-fall-ghoramara/

261. Kaltesonne.de (2017): SRF-Afrika-Korrespondent Wülsner liegt in Ghana voll daneben: Peinliche Verwechslung von Küstenströmungen mit Klimawandel: 14.1.2017, https://kaltesonne.de/srf-afrika-korrespondent-wulsner-liegt-in-ghana-voll-daneben-verwechslung-von-kustenstromungen-mit-klimawandel/
262. Lamont-Doherty Earth Observatory (2018): Urbanization Is Cutting off Life Support to NYC's Wetlands: 24.9.2018, https://www.ldeo.columbia.edu/news-events/urbanization-cutting-life-support-nyc%E2%80%99s-wetlands
263. Duke University (2015): Coastal Marshes More Resilient to Sea-Level Rise Than Previously Believed: 18.12.2015, https://today.duke.edu/2015/12/marshresilience
264. Kirwan, M. L., Temmerman, S., Skeehan, E. E., Guntenspergen, G. R., Fagherazzi, S. (2016): Overestimation of marsh vulnerability to sea level rise: *Nature Climate Change* 6 (3), 253–260.
265. Virginia Institute of Marine Science (2016): Study predicts salt marshes will persist despite rising seas: 24.2.2016, https://www.vims.edu/newsandevents/topstories/2016/salt_marsh_resilience.php
266. Villanova University (2018): New Study by Villanova University Biologists Finds Mangrove Expansion may Help Coastal Ecosystems Keep Pace with Sea Level Rise in Warmer Future: 29.8.2018, https://www1.villanova.edu/villanova/media/pressreleases/2018/0829.html
267. Donchyts, G., Baart, F., Winsemius, H., Gorelick, N., Kwadijk, J., van de Giesen, N. (2016): Earth's surface water change over the past 30 years: *Nature Climate Change* 6 (9), 810–813.
268. Luijendijk, A., Hagenaars, G., Ranasinghe, R., Baart, F., Donchyts, G., Aarninkhof, S. (2018): The State of the World's Beaches: *Scientific Reports* 8 (1), 6641.
269. Hanebuth, T. J. J., Kudrass, H. R., Linstädter, J., Islam, B., Zander, A. M. (2013): Rapid coastal subsidence in the central Ganges-Brahmaputra Delta (Bangladesh) since the 17th century deduced from submerged salt-producing kilns: *Geology* 41 (9), 987–990.
270. Zou, L., Kent, J., Lam, N. S.-N., Cai, H., Qiang, Y., Li, K. (2016): Evaluating Land Subsidence Rates and Their Implications for Land Loss in the Lower Mississippi River Basin: *Water* 8 (1), 10.

271. Higgins, S. A., Overeem, I., Steckler, M. S., Syvitski, J. P. M., Seeber, L., Akhter, S. H. (2014): InSAR measurements of compaction and subsidence in the Ganges-Brahmaputra Delta, Bangladesh: *Journal of Geophysical Research: Earth Surface* 119 (8), 1768–1781.
272. Shirzaei, M., Bürgmann, R. (2018): Global climate change and local land subsidence exacerbate inundation risk to the San Francisco Bay Area: *Science Advances* 4 (3), eaap9234.
273. IPCC (2014): Climate Change 2014; Synthesis Report of the IPCC Fifth Assessment Report (AR5): https://www.ipcc.ch/pdf/assessment-report/ar5/syr/AR5_SYR_FINAL_All_Topics.pdf
274. Europäische Kommission (2019): The European Green Deal, https://ec.europa.eu/info/sites/default/files/european-green-deal-communication_en.pdf.
275. Reuters (2020): Global climate goals 'virtually impossible' without carbon capture: IEA. 24.9.2020, https://www.reuters.com/article/us-iea-carboncapture-idUSKCN26F0IB
276. Bundesamt für Umwelt (2021): Klimawandel: Fragen und Antworten, https://www.bafu.admin.ch/bafu/de/home/themen/klima/fragen-antworten.html#-1202736894
277. NOAA (2021): Ocean-Atmosphere CO_2 Exchange, https://sos.noaa.gov/datasets/ocean-atmosphere-co2-exchange/
278. Latif, M. (2016): 100 Jahre bleibt CO_2 in der Luft: 13.1.2016, https://www.infranken.de/regional/lichtenfels/100-jahre-bleibt-co2-in-der-luft;art220,1526506
279. Friedlingstein, P., Jones, M. W., O'Sullivan, M., Andrew, R. M., Hauck, J., Peters, G. P., Peters, W., Pongratz, J., Sitch, S., Le Quéré, C., Bakker, D. C. E., Canadell, J. G., Ciais, P., Jackson, R. B., Anthoni, P., Barbero, L., Bastos, A., Bastrikov, V., Becker, M., Bopp, L., Buitenhuis, E., Chandra, N., Chevallier, F., Chini, L. P., Currie, K. I., Feely, R. A., Gehlen, M., Gilfillan, D., Gkritzalis, T., Goll, D. S., Gruber, N., Gutekunst, S., Harris, I., Haverd, V., Houghton, R. A., Hurtt, G., Ilyina, T., Jain, A. K., Joetzjer, E., Kaplan, J. O., Kato, E., Klein Goldewijk, K., Korsbakken, J. I., Landschützer, P., Lauvset, S. K., Lefèvre, N., Lenton, A., Lienert, S., Lombardozzi, D., Marland, G., McGuire, P. C., Melton, J. R., Metzl, N., Munro, D. R., Nabel, J. E. M. S., Nakaoka, S. I., Neill, C.,

Omar, A. M., Ono, T., Peregon, A., Pierrot, D., Poulter, B., Rehder, G., Resplandy, L., Robertson, E., Rödenbeck, C., Séférian, R., Schwinger, J., Smith, N., Tans, P. P., Tian, H., Tilbrook, B., Tubiello, F. N., van der Werf, G. R., Wiltshire, A. J., Zaehle, S. (2019): Global Carbon Budget 2019: *Earth Syst. Sci. Data* 11 (4), 1783–1838.

280. IPCC (2007): Climate Change 2007: The Physical Science Basis. Contribution of Working Group I to the Fourth Assessment Report of the Intergovernmental Panel on Climate Change, Cambridge, United Kingdom and New York, NY, USA, Cambridge University Press.
281. Tomski, P. (2012): The Business Case for Carbon Capture, Utilization and Storage, https://www.files.ethz.ch/isn/155414/Business%20case%20for%20CCUS%20(IB2)%2010-22.pdf
282. Global CCS Institute (2021): https://www.globalccsinstitute.com/
283. MCC (2018): CO_2-Uhr des MCC auf neusten Stand gebracht: *Pressemitteilung des Mercator Research Institute on Global Commons and Climate Change vom 8.11.2018,* https://www.mcc-berlin.net/news/meldungen/meldungen-detail/article/co2-uhr-des-mcc-auf-neusten-stand-gebracht.html
284. MCC (2018): Uhr des MCC mit dem CO_2-Restbudget. Screenshot 22. September 2018, https://www.mcc-berlin.net/en/research/co2-budget.html (via Wayback Machine)
285. IPCC (2018): Special Report on global warming of 1.5 °C above pre-industrial levels and related global greenhouse gas emission pathways: http://www.ipcc.ch/report/sr15/
286. Millar, R. J., Fuglestvedt, J. S., Friedlingstein, P., Rogelj, J., Grubb, M. J., Matthews, H. D., Skeie, R. B., Forster, P. M., Frame, D. J., Allen, M. R. (2017): Emission budgets and pathways consistent with limiting warming to 1.5 °C: *Nature Geoscience* 10, 741.
287. Klimaretter.info (2017): CO_2-Budget könnte länger reichen: http://www.klimaretter.info/forschung/nachricht/23684-co2-budget-koennte-laenger-reichen
288. Tollefson, J. (2017): Limiting global warming to 1.5 °C may still be possible: *Nature,* 18.7.2017, https://www.nature.com/news/limiting-global-warming-to-1-5-c-may-still-be-possible-1.22627
289. Marotzke, J. (2019): Quantifying the irreducible uncertainty in near-term climate projections: *Wiley Interdisciplinary Reviews: Climate Change* 10 (1), e563.

290. *Der Spiegel* (2019): Warum Wolken der Fluch aller Klimaforscher sind: 22.3.2019, https://www.spiegel.de/wissenschaft/warum-die-vorhersagen-zur-erderwaermung-so-schwierig-sind-a-00000000-0002-0001-0000-000163037012
291. World Bank (2014): Turn Down the Heat: Confronting the New Climate Normal, Washington, DC, World Bank, 275 p.:
292. Kosaka, Y., Xie, S.-P. (2013): Recent global-warming hiatus tied to equatorial Pacific surface cooling: *Nature* 501, 403.
293. Zhou, C., Wang, K. (2016): Spatiotemporal Divergence of the Warming Hiatus over Land Based on Different Definitions of Mean Temperature: *Scientific Reports* 6 (1), 31789.
294. Liu, B., Zhou, T. (2017): Atmospheric footprint of the recent warming slowdown: *Scientific Reports* 7 (1), 40947.
295. Deser, C., Guo, R., Lehner, F. (2017): The relative contributions of tropical Pacific sea surface temperatures and atmospheric internal variability to the recent global warming hiatus: *Geophysical Research Letters* 44 (15), 7945–7954.
296. MiKlip (2020): MiKlip II – Ein nationales Forschungsprojekt zu Mittelfristigen Klimaprognosen: https://www.fona-miklip.de/
297. Hansen, J., Sato, M., Ruedy, R., Schmidt, G. A., Lo, K., Persin, A. (2018): Global Temperature in 2017: http://www.columbia.edu/~jeh1/mailings/2018/20180118_Temperature2017.pdf
298. Weimann, J. (2021): Die irrationalen Kapriolen unserer Klimapolitik, 2.6.2021, https://www.welt.de/debatte/kommentare/plus231536115/CO2-Emissionen-Die-irrationalen-Kapriolen-unserer-Klimapolitik.html : *Die Welt*.